U0179255

INSIDE
COCKPIT

[德] 罗尔夫·斯特恩克尔（Rolf Stuenkel）/ 著

张欣竹 / 译

飞机驾驶舱
原来是这样的

机械工业出版社
CHINA MACHINE PRESS

日常生活中，我们有很多乘坐飞机的机会，但一直都是在客舱里，对于乘客来说，飞机驾驶舱是禁区一样的存在。你可曾向往过飞机驾驶舱，可曾想象过它是什么样子的？飞行员是很多人梦寐以求的职业，你可知道飞行员都做些什么？飞机是一种交通工具，驾驶它跟驾驶汽车、轮船的感觉一样吗？如果我们想成为飞行员，我们都应该做哪些准备？打开本书，跟随机长一起走进神秘的飞机驾驶舱，看看里面都有什么，机长都做什么，飞机驾驶舱的魅力到底体现在哪里。

Inside Cockpit: Piloten-Technik-Teamwork by Rolf Stuenkel

Copyright © 2019 by GeraMond Verlag GmbH

All rights reserved.

This edition is authorized for sale in the Chinese mainland (excluding Hong Kong SAR, Macao SAR and Taiwan)

Chinese Language Edition licensed through Flieder-Verlag, Germany.

北京市版权局著作权合同登记 图字：01-2020-4852号。

图书在版编目（CIP）数据

飞机驾驶舱原来是这样的 /（德）罗尔夫·斯特恩克尔（Rolf Stuenkel）著；张欣竹译. —北京：机械工业出版社，2023.4（2025.1重印）

ISBN 978-7-111-72750-7

Ⅰ.①飞… Ⅱ.①罗… ②张… Ⅲ.①座舱－普及读物 Ⅳ.①V223-49

中国国家版本馆CIP数据核字（2023）第040045号

机械工业出版社（北京市百万庄大街22号 邮政编码100037）
策划编辑：黄丽梅　　　　　　责任编辑：黄丽梅
责任校对：薄萌钰 李 婷　　　责任印制：单爱军
北京联兴盛业印刷股份有限公司印刷

2025年1月第1版第4次印刷
169mm×239mm・9.5印张・2插页・170千字
标准书号：ISBN 978-7-111-72750-7
定价：79.00元

电话服务　　　　　　　　　　网络服务
客服电话：010-88361066　　　机 工 官 网：www.cmpbook.com
　　　　　010-88379833　　　机 工 官 博：weibo.com/cmp1952
　　　　　010-68326294　　　金 书 网：www.golden-book.com
封底无防伪标均为盗版　　　　机工教育服务网：www.cmpedu.com

"请系好安全带！"

飞定期航班是一项很特别的工作：先起飞，然后在高高的云霄之上稳定飞行，坐在防弹舱门后，进行导航和无线电通话，最后着陆。

那些自愿在飞机上度过数十年时光的飞行员，到底抱着怎样的想法？是什么让他们为这项工作痴迷？而要想坐进飞机驾驶舱，我们又要学习和掌握哪些技能？我们应该怎样看待技术能力和团队合作？不仅是害怕飞行的乘客对这些问题感兴趣，相信你也一样。

从飞行学员到大型喷气式客机机长，这些航空界的实践家对本书的内容最有发言权。为了行文简便，本书主要采用男性职业和职务称谓，在此恳请女性航空从业人员理解。我向本书的参与者致以衷心的谢意，感谢你们贡献的精彩素材和照片！祝各位着陆愉快！

"请系好安全带——我们准备起飞了。"

罗尔夫·斯特恩克尔

目 录

乘坐空客 A330 横跨北大西洋。

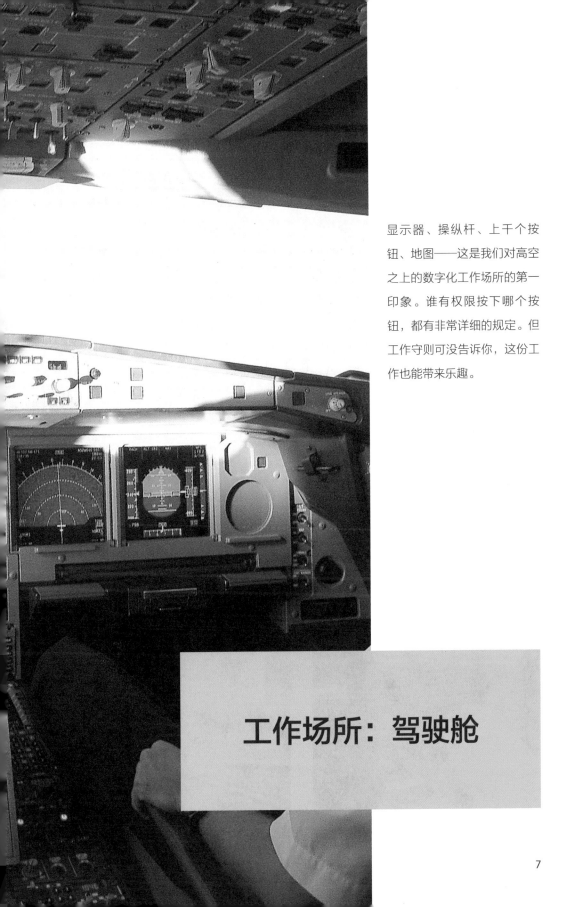

显示器、操纵杆、上千个按钮、地图——这是我们对高空之上的数字化工作场所的第一印象。谁有权限按下哪个按钮，都有非常详细的规定。但工作守则可没告诉你，这份工作也能带来乐趣。

工作场所：驾驶舱

两把座椅和世界上最棒的远眺风景——这是大多数飞行员眼里的工作环境，几乎没有一名飞行员愿意换掉这样的工作。这是怎样的一间办公室呀！周围既没有观赏植物和全家福，也没有热门电台聒噪的背景音乐；既无法散步，也没有享受一支烟的空闲，更别提大书桌和食堂了。但对飞行员而言，这一切都无所谓。空间狭小也好，与世隔绝也罢，都不会让他们难以忍受。他们习惯于轮班工作，也乐意狼吞虎咽地吃下机舱里的冷饭。他们必须保持精力充沛，因为一旦飞机出了问题，除了机组人员（以及偶尔乘坐同航班的同事），没有任何人能予以帮助。飞行时既有时间的压力，燃油也不可能无止境

地供应，技术设备也有限。飞行员与外界的联系主要依靠几部飞机电台和数据通信设备，但前提是它们完好无损。驾驶舱可能因为气流颠簸或剧烈晃动，甚至在紧急情况下烟雾弥漫。无论是舱压下降，还是报警器铃声大作，或是驾驶舱突然陷入沉寂——飞行员所做的任何行为或决定，都直接关乎所有机组人员和乘客的安危。而错误决策在空中造成的后果往往会比在地面上更严重；空中所有的危机事件几乎都有一个看似无害的开端。

如果你第一次看见数字化驾驶舱的内景，一定会对无数的操作开关、旋钮和显示器感到震撼。而飞行员对此已经驾轻就熟！他们很容易就能找到节流阀控制器、

派珀（Piper）PA28单发动机飞机的模拟化配备的驾驶舱，具有典型的"钟表店"外观。飞行员正在调节传输频率。

在空客飞机驾驶舱的飞行控制面板上，前面是起落架操纵杆，后面是驻车制动器。

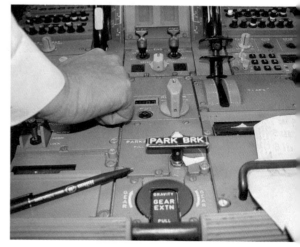

某年四月某天的晚上，飞机即将降落旧金山。飞行员的工作也接近尾声。

操纵杆、方向舵和地平仪，也清楚罗盘、高度表、空速表和无线电设备藏在哪里。很明显，要想操作这样的机器控制台，飞行员必须要有驾驶员执照，也就是说，他必须具备某一特定等级航空器的驾驶资格。

飞机驾驶舱的英文名称为 Cockpit。Cockpit 在 18 世纪早期指的是军舰后部下

音频控制面板——这里的飞机电台、对讲机和导航设备都被调到了收听模式。

空客飞机驾驶舱的配置都很相似。图中展示的是自动飞行系统的操作面板。我们可以看到选定的飞行速度是 320 节（将近 600 千米每小时），飞行高度为 20000 英尺（约为 6000 米）。

层甲板的一个区域，之后又用来指船舶的驾驶室。一战后，Cockpit 一词便和飞机的驾驶舱联系在一起。跑车车主也将跑车驾驶室称为 Cockpits，对此，飞行员们并不理会。

早期的飞机使用圆形仪表，呈 T 形排

在地平仪出现之前，转弯侧滑仪以及其下方的水平仪是飞行的得力帮手——今天我们依然能在小型飞机上看到。

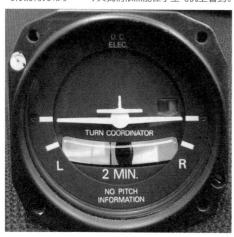

列在地平仪周围。第一个数字化驾驶舱直接复制了以前的仪表显示，只不过将几个仪表换成显示器装在仪表板上。现代化平面显示器的工作原理和我们的计算机显示器类似，它可以显示地形图、雷达图以及飞机系统的各种数据信息。要想知道所有机舱门是否都已关闭，或是紧急疏散滑梯是否启用，看一眼显示器就足够了。

驾驶舱的基本配置几十年都没什么变化，直到 20 世纪 80 年代中期，驾驶舱才跃进到信息时代。那时距登月成功已经过去了十几年，每个上学的孩子都已经有一个便携式计算器了。商用飞机已经可以在雾中自动着陆，但它们的驾驶舱依然是模拟化配备。"模拟"一词来源于希腊语，意为"成比例的"。对飞机而言，"模拟"意味着指针随着压力、温度、燃油量或速

驾驶舱术语知多少

ADF：自动测向仪（Automatic Direction Finder），自动连续地测定和指示无线电信号到来方向的无线电测向仪。

CRT：阴极射线管（Cathode Ray Tube），一种真空电子管。

DME：测距器（Distance Measuring Equipment），一种无线电导航设备。

EFIS：电子飞行仪表系统（Electronic Flight Instruments），包含 PFD 和 ND 的显示系统。

EGPWS：增强型近地告警系统（Enhanced Ground Proximity Warning System），带有地形数据的近地告警系统。

FD：飞行指引仪（Flight Director），用于 ILS 的指引显示器，飞行员根据给定的水平或垂直轨迹飞行，并保持在给定轨迹上。

FMC/FMS：飞行管理计算机 / 飞行管理系统（Flight Management Computer/System）。

IFR：仪表飞行规则（Instrument Flight Rules），在仪表气象条件下实施飞行管理程序的有关规则。

ILS：仪表着陆系统（Instrument Landing System），引导航空器进近下滑、着陆的无线电系统。

INS/IRS：惯性导航系统 / 惯性基准系统（Inertial Navigation System/Reference System）。

LEGS：在（M）CDU 上显示的航段。

LCD：液晶显示器（Liquid Crystal Display）。

（M）CDU：（多功能）控制显示组件 [（Multi-Purpose）Control and Display Unit]。

MFD：多功能显示器（Multiple Functional Display）。

ND：导航显示器（Navigation Display），也称为水平状态显示器。

NDB：无方向性信标（Nondirectional Beacon）。

PAGE：CDU 显示器页面。

PFD：主飞行显示器（Primary Flight Display），能综合显示飞行高度、速度等重要飞行参数的下视显示器。

RMP：无线电管理面板（Radio Management Panel）。

RNAV：区域导航（Area Navigation），在地面导航设施的作用范围内，或航空器自备导航系统有效距离内，或在两者结合下，航空器可在任何选定航径上飞行的一种航行方法。

TCAS：空中防撞系统（Traffic Alert and Collision Avoidance System）。

VOR：甚高频全向信标（VHF Omni directional radio Range），一种近程无线电导航系统。

空客 A320 的飞行控制面板。中间是节流阀控制器和配平轮，边上是飞机电台和导航显示器。

空客 A350-900 的
驾驶舱

1 侧置驾驶杆

2 导航显示器、飞行计划、程序库、辅助程序

3 机载视频监控、主飞行显示器

4 踏板

5 导航显示器,雷达

6 机内通话呼叫按钮

7 自动驾驶仪操作面板

8 备用选择开关

9 备用地平仪

10 飞行和性能数据的输入键

11 无线电控制面板

12 减速板拉杆

13 紧急起落架操作按钮

14 紧急制动回路的压力显示区

15 驾驶舱照明控制

16 飞机电台、无线电数据传输控制

17 雷达控制面板

18 襟翼拉杆

19 系统显示选择按键

20 节流阀控制器

21 飞行路径、性能数据

22 系统显示器

23 应急磁罗盘

24 导航显示器,雷达

25 用于外屏的可折叠键盘

13

有趣的是：乘务长拉斯·博斯（Lars Bosse）打扮成 20 世纪 30 年代的"无线电通信员"。

度的变化而来回摆动。

驾驶舱给结构工程师和设计师带来了挑战：两名飞行员要在显示器前度过半生

时间；他们的工作在例行公事和突如其来的压力之间交替转换。许多事情可以由计算机辅助处理，飞行员因此得以放松疲惫的感官，缓解因久坐而导致的血液循环不畅。然而，驾驶舱的设计很困难，也非常费时费力，以致有些情况下工程师要一直忙到退休。

设计的基本任务其实很简单。操纵杆、踏板和按钮要合理地分配给两名飞行员，从而保证飞机随时都能正常飞行，即便两名飞行员中的一名不在岗。对于为什么驾驶舱总是如此"狭小"，有飞行员这样回答："如果我的同事食物中毒了，我要能够拿得到所有的东西。"工程师要解决的问题是，驾驶舱内的设备排列本来就比较复杂了，飞行员还需要空间放手提箱、咖啡杯、手提电脑和工具书。而且，

加拿大国家航空公司的飞机驾驶舱：机长前方的观察窗用于雾天着陆，所有飞行数据都显示在上面。

夜航后着陆，飞行员在着陆后打开 A320 的外部电源。

显示器和地图无论何时都应当方便查看，显示器在阳光下不能刺眼，阅读灯要照亮所有的重要区域。

许多见过老式飞机的飞行员都对电子航情显示画面和一体化的警报系统印象深刻。几乎所有的设备都采用虚拟显示，甚至连航空时钟上的指针也只是小型液晶显示器上的线条。显示信息会在不同的航段出现或消失；当飞机出现故障时，警铃也不再响个不停。要怎样在显示器上显示一个供电图表，才能让飞行员瞬间读懂？这些问题是在飞行员的帮助下解决的，然后由程序员执行。以前，更换新的飞行仪表，需要借助焊枪和旋具来完成。现在，我们只需要升级软件，就可以把蓝色的信号灯换成绿色，或在导航显示器上载入新

的信息。

信息时代，驾驶舱最显著的变化是配备了各式显示器、计算机和控制器。显

在巴西航空工业公司的 E195 飞机上，副驾驶员在进近不来梅机场时操作自动驾驶仪。

飞机电台控制面板。在此处选择并激活传输频率，图中左侧显示激活的是应急频率 121.5 MHz。

示器采用阴极射线管显示器或液晶显示器。一般我们称之为电子飞行仪表系统（EFIS）和多功能显示器，可以显示发动机的工作状态等。

在飞行员面前，是两个这样的 EFIS 显示器（每个价格约 70 万人民币）：PFD（主飞行显示器）和 ND（导航显示器）。PFD 主要显示飞行姿态、高度、速度、航

一架空客 A340 在慕尼黑机场完成对接。

在空客 A320 的飞行控制面板上方，是自动驾驶仪。

向等多种重要飞行参数。在 ND 上，预定的航线（飞行计划航线）显示在飞机标志之前，我们还可以切换显示无线电导航信标（即所谓的 VOR 或 NDB）、机场、航路点和其他飞机位置和距离等信息（关于空中防撞系统请参见本书 121 页）。另外，我们还能切入气象雷达和地形轮廓图，这样飞行员便能一览无余了。

显示器的主要优点是能让飞行员较好地纵览全局。飞行员必须具备态势感知能力，对飞行中每时每刻发生的任何事情都要全面地了解。即便是在浓雾天气里"盲飞"，现在的驾驶舱也要比以前使用不同独立显示器的"钟表店"式驾驶舱更安全，因为显示器上会实时显示虚拟的跑道、其他航线的使用者和地形信息。

在驾驶舱前方区域的下方是控制显示组件（CDU），由带键盘的小型显示器组成。数字列和导航点在飞行过程中由上往下移动。CDU 是（数个）飞行管理计算机的接口，也是自动驾驶仪的接口，更准确地说，它是自动飞行系统的接口，由许多组件组成。飞行管理计算机是有魔力的盒子：它"知道"关于飞机的所有信息，并把重量、速度和高度等数据收集在一起。机组人员只要按下 CDU 的按钮即可调用性能数据，并输入航线的详细信息。

数字化技术使很多事情变得更简单明了。飞行管理计算机可以轻松存储并计算整个航程的数据；飞行员不再需要像以前那样在惯性导航计算机上的 12 个航点之

空客 A340 驾驶舱的控制显示组件，简称 CDU。在飞行管理计算机的控制面板上显示着该机飞往芝加哥并降落在右侧 14 号跑道："KORD14R"。

在空客飞机驾驶舱里，一切都是标准化的，包括头顶上方那块顶板，它配有空调控制面板、压力舱控制面板、除冰控制面板和灯光控制面板。

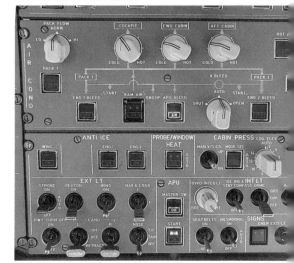

北大西洋的电子地图。飞机位于爱尔兰的香威克管制区。

现代操纵杆：空客飞机驾驶舱中的侧置驾驶杆。它沿袭自战斗机，并得到了进一步改进。

后手动输入下一个坐标。在编制航线时，显示器会显示哪里还存在航线缺口（"不连续性"）。此外，油耗和最大飞行高度可以在每个飞行阶段快速地计算出来。几乎没有人想回到老式飞机时代。数字式仪表、计算机和输入设备让飞行变得更加舒适。

早在发动机启动之前，飞行员就应当在机载计算机上输入飞行和天气数据。输入数据后，显示器上会创建虚拟的飞行轨迹。机组人员可以点击查看从出发地到目的地的整个行程，并确认航线；借此，飞行员就可以在发动机启动前检查所有数据的可信度。根据实时的跑道条件和天气条件，飞行员确定所需的发动机推力，或在发动机出现故障时确定中止起飞或继续飞行的速度。其实，起飞前的检查一直都有，只不过以前人们使用的是圆形计算尺和表格。

电传操纵是一种操纵飞机的技术。以前，飞机若要转向，需经由机械传动装置传递到液压系统，再由液压系统移动方向舵来实现。在现代飞机中，来自操纵杆（侧置驾驶杆）的命令首先由计算机处理，然后经由电缆传输到液压系统，再由液压系统移动方向舵或扰流板。传统的液压系统又大又重，它们的管道有泄漏的风险，液压泵也可能发生故障。电液系统（EHS）则可以将操纵命令经由电缆长距离地传输到相对较小的液压系统，液压系统也只对需要动作的舵面施力。

由于使用电传操纵的飞机实现了逻辑控制和显示的数字化，所以可以安装电子飞行包。例如，所有的新一代空客飞机都有这样的安全设置。如果飞机飞行得过慢、过快、过陡或过于倾斜，计算机可以干预控制系统和推力控制。在日常飞行中，计算机辅助控制系统所做的工作悄无声息且令人舒适，比如，当推力或载荷发生变化时，飞行员不需要再手动调整了。

因此，现代驾驶舱有明显的优点：显示器比以前更清晰，而且由于可以切换到完整的屏幕，安全性也更高。虽然

有些飞行老手怀念以前的"钟表店"外观，但大多数飞行员认为现在的驾驶舱更舒适。

机长左侧：侧置驾驶杆，旁边是前轮转向手轮。

通过配平轮可以自动或手动调整飞机的水平安定面，以补偿转向力。

我为人人，人人为我：副驾驶员劳伦兹·基纳斯特（Lorenz Kynast）（左侧）、机长罗尔夫·斯特恩克尔（Rolf Stuenkel）（中间）和高级副驾驶员法兰克·欧恩贝尔格（Frank Ohrnberger）（右侧）在从慕尼黑到北卡罗来纳州夏洛特市的跨大西洋航班起飞前的合影。

常年在世界各地运送乘客和货物的飞行员不仅需要极为从容的心态，更需要团队精神。许多飞行员认为，与人交流是这份工作的独特魅力，再加上天气变化多端，这份工作永远不可能成为例行公事。

职业：飞行员

飞行员身着蓝色制服，上边饰有金色条纹——外行人所了解的几乎就这么多。有消息称，飞行员可以戴耳钉、补牙、戴老花镜。那么，飞行员一直吃同样的饭菜吗？（是的，他们可以。）副驾驶员是货真价实的飞行员吗？（当然了，不然他们不可能进入驾驶舱。）飞行员是在固定航线（例如：法兰克福—纽约）上飞行吗？（如果是的话，这是非常不经济的做法。）也许很多人都不相信，女性也能驾驶大型商用飞机。也可能几乎没有人知道，机长和副驾驶员的执照上只有一种机型，而空姐以前必须保持单身，飞行员以前则不能举行婚礼。顺便说一句：现在，飞行员的结婚对象并不只有机舱的同事，他们的离婚率也和地面上工作的人差不多。还有，有些飞机是阴性的（"die Boeing 737"，波音 737，德语词性为阴性），有些飞机却是阳性的（"der Airbus A340"，空客 A340，德语词性为阳性），这难道不奇怪吗？更

一名飞行员应聘者应当具备什么特征？

"莽汉和独行侠？不，谢谢！能够以现实的眼光评估自己的能力，并在已掌握的能力和技能的基础上取得最佳的团队合作效果——这些是现代商用飞机飞行员应具备的特征。"

机长约尔根·坎普斯（Jürgen Kamps），
不来梅汉莎航空飞行训练公司的常年培训主管

奇怪的是，飞远程航班的飞行员和飞短程航班的相比，居然没有"津贴"这一说。

飞行员这一职业同动力飞行一样，已经有百年历史了。从莱特兄弟第一次成功飞行，到世界上第一架全金属打造的客机诞生，再到今天客机的数字化驾驶舱，飞机的发展之路似乎没有尽头。然而，自从飞机从甲地飞往乙地开始，飞行员的任务始终不变，即将乘客或货物安全、准时且舒适地运送到目的地。所有的航空公司都规定了这三个目标。飞行员要学习如何在团队合作中实现这三个目标，当然，飞行安全始终是第一位的。

随着航空公司的竞争、燃油价格的上涨和乘客数量的波动，乘客希望从大量的航空服务中获得最为物美价廉的服务。然而，飞行安全是许多人周密计划和辛勤工作的结果；定期航班是一种重复的运输服务。一天下来，留给飞行员的只有满满一袋文件和用于统计的计算机数据；地勤人员早早地就要为下一次飞行做准备。如同去电影院看电影一样，每一次旅行，无论多远，都是短暂的。我们几乎不会记得，一次最微小的工作失误，如果再加上其他的不利情况，就会让人付出生命的代价。

若你想去应聘这炙手可热的驾驶员

飞机从海上驶近，即将降落特拉维夫本古里安（Tel Aviv Ben Gurion）机场。

岗位，不需要有多么出色的高中毕业成绩。因为法律不要求飞行员有大学入学资格，只要求飞行员具备英语、数学和物理知识，这也是为什么航空公司希望飞行员拥有高中毕业证。德国航空航天中心（DLR）的招考要求非常严格，德国汉莎航空公司的应聘者也只有不到10%能顺利通关。测试持续数天，由基本职业考试和公司适用性考核组成。应聘者应证明其具备常识，掌握英语，能够胜任团队合作，抗压性强且心态沉稳。他们必须具备优秀的视力、听力和空间感知能力以及如同运动员般的反应能力。测试尤其注重深入考察应聘者的精神运动能力和抗压能力，因此即使在几十年后，他也能自如地运用紧急规避动作去应对起飞后的紧急情况。

应聘者在计算机和飞行模拟器上接受理论考试、小组练习和个人测试。他们要一边根据指定的动作操纵"飞机"，一边

德国联邦航空局颁发的航线运输驾驶员执照（ATPL）的统计数据（单位：人）

2009年	2010年	2011年	2012年	2013年	2014年	2015年	2016年	2017年
9347	9516	9894	10379	10339	10480	10671	11009	11324

其中女性：

369	405	405	452	472	491	528	557	580

数据来源：德国联邦航空局，2017年数据截至2018年3月1日。

俯瞰的美丽风景：纽约天际线——飞机即将降落于邻近的纽瓦克自由国际机场（EWR），22 号跑道左侧。

完成计算和无线电沟通任务。考试委员会的成员不仅有心理学家，还有航空公司的机长，他们会依据应聘者的理论和实操成绩做出是否录用的决定。考试委员还会试图了解应聘者的真实自我。这名年轻人是否能胜任团队合作，是否能在固定的规则下工作？独行侠和莽汉几乎没有机会，但过于软弱的性格也不在考虑范围内。即便是年轻的副驾驶员，也要对机长表现出自己执着的一面，以免在做决策时因胆怯而对上司的错误"点头"。

执着和自我在某些情况下是一种优势，但它对飞行员日后的职业生涯没有影响。在飞行员的整个职业生涯中，他都会在资历名单上占有一个位置，而且永远无法超过"前辈"。在轮到自己之前，若想申请更大的机型或预备机长培训，他都必须等待。

选拔流程特别有效。大多数飞行员都不那么容易情绪激动。他们从容地完成一次又一次的飞行。他们与从未谋面甚至也许数年后才能再次见上一面的同事一起飞行。民航飞行员必须时刻保持镇定、缜密，同时又不能像克隆人一样机械地工作。幸运的是，很少有同事令人不快。不过，每家公司都存在约 3% 的"不合群者"。自吹自擂者、脾气暴躁者、大男子主义者和懒汉很难在航空界生存下去。航

罗兰德·萨默尔（Roland Sommer），空客 A330/340 机长。

空界的圈子很小——众所周知，航空人一生中至少会相遇两次。

飞行员的职业生涯

德国汉莎航空公司在培训客机驾驶员时，采用的是多人制机组驾驶员执照（MPL）培训流程。该培训流程最初由国际民航组织（ICAO）制定，后被欧洲联合航空局（JAA）采用，并被德国航空法采纳且沿用至今。此外，欧洲航空安全局第 1178/2011 号法规的飞行机组执照（FCL）部分也对此有所规定。该培训包含约 23 个月的纯培训时长。其中包括近 1200 节 45 分钟的理论课程、在各类训练飞机和训练设备上进行的 300 多小时的训练以及众多考试。在苦学十多个科目的基础上，飞行学员只有通过位于布伦瑞克市的德国联邦航空局（LBA）的统一理论考试，才可以开始上手驾驶小型单发动机飞机。之后学员要接受飞行训练设备（飞行导航程序训练器，FNPT）的训练并学习驾驶轻型喷气式飞机，然后才可以进入客机型别等级的模拟器训练。

一部分训练由于天气原因会在国外进行。数十年来，汉莎航空公司飞行训练中心一直在美国亚利桑那州的凤凰城附近设有分部。飞行员在通过训练考核后，会在监督下担任数月的副驾驶员（第二副驾驶员），然后通常会被航空公司永久聘用。飞行员从副驾驶员（第一副驾驶员，FO）开始做起，制服上有三道金色条纹。虽然

来自航海界的衔级

"飞行员"一词（Pilot，法语：pilote，意大利语：pilota）由希腊语 pedon 演变而来，词源为 pedotta（舵手）。飞行员制服、航行灯、左舷和右舷、超车规则和航空用语都来自航海界。和航海界的规则一样，机长有四道杠，副驾驶员有三道杠，第二副驾驶员则有两道杠。

在双人制驾驶舱内，我们通常只能找到"四道杠和三道杠飞行员"。高级副驾驶员（SFO）负责在超长航程的巡航期间代替休息的机长行使职责，制服上有一道宽、两道窄的条纹。

斯温·霍曼（Sven Hommann）（左）和多米尼克·伍蒂格（Dominik Wuttig）（右）即将降落于不来梅机场。

新上任的副驾驶员职业经验有限，但他或她（也许是一名年仅 22 岁的年轻女士）已被委以一架 70 吨级的客机，同时还肩负着代理机长和乘务员主管的角色。随着年限的增长，副驾驶员的工作会成为例行公事，但航段和驾驶机型会有所变化。大型航空公司会给副驾驶员提供飞远程航班的机会，不久之后，他便会晋升为高级副驾驶员（SFO）。在巡航期间，若机长中途休息，高级副驾驶员便会作为第三位驾

25

航线运输驾驶员执照
（Air Transport Pilot License，ATPL）

有关飞行机组执照（FCL）部分的决议规定了航线运输驾驶员执照（ATPL）的取得规则。颁发执照需要满足以下条件：

● 具备 1500 小时的飞行经历，包括 500 小时的商用飞机飞行、仪表飞行和夜间飞行经历。

● 通过航空法、一般飞机知识和技术、飞行性能和飞行计划、人的行为能力、导航、气象学、操作程序、空气动力学、无线电通信等科目的考试。

若飞行员通过了理论考试，但没有达到规定的飞行经历，则可获得带有冻结航线运输驾驶员执照（Frozen ATPL）的商用驾驶员执照（CPL）。拥有该执照的飞行员可以成为商用飞机副驾驶员。

飞行员驾驶飞机的型别等级仅在 12 个月内有效。在商业飞行中，飞行员只有通过了两次模拟器考核（年度试飞和操作员熟练考核）和一次在监督下的航线考核，他的型别等级资格才能被更新。

驶舱机组成员代行机长职责；另一名副驾驶员则一直坐在右边。

飞行员根据排班计划轮流值班，在起飞和降落时，三名飞行员都坐在驾驶舱内。这种"加强版飞行机组安排"得以合法地延长飞行时间，客机也因此可以飞往更远的目的地而无须中途停留。经过平均十年的历练后，副驾驶员可以凭借他的资历升职为机长，并可以申请相应的预备机长培训。经过大约半年的理论、模拟器和飞行实践的培训后，新上任的机长最终会获得他梦寐以求的四道杠。也许，坐上期待已久的左驾驶座是每名副驾驶员的目标。在德语圈内，这样的升职被称作 Upgrade（意为"升级"，这类说法在高档酒店或租车服务中也会听到），或者颇为庄重地称之为"升任机长"——这个说法恰到好处地描述了从飞行员到领导层的重大转变。

新上任的机长在下一次模拟器考核到来之前，可以尽情享受身为机长的威严。而在考察来临时，他也将像多年前作为副驾驶员的自己一样，接受新角色的考验。四道杠并不意味着终点：合格的申请者可以成为培训机长，即考核员和教员。这份工作会带来有趣的任务和额外的职能，培训机长不仅会收获高声望，也会得到一份津贴。然而，这份工作也意味着在昏暗的模拟器内值无数个班。当前，民航飞行员的法定最高年龄为 65 岁；一些航空公司为员工提供提前退休计划。飞行员要想工作更长的年限，他的健康和能力就要受到严格的监控。在 60 岁之前，飞行员每年都要接受医学检查，60 岁之后则每半年进行一次医学检查。飞行员每年要完成四次模拟器飞行，分别为两次特定的训练重点考核（所谓的复习科目）和两次官方规定的执照考核。此外，还有例行的飞行年度考核、各种高级培训课程和模拟客舱应急演习。

乔治·奥威尔在其作品《1984》中描

高级副驾驶员（现为机长）史蒂芬·凯勒（Stephen Keller）准备向乘客通报航线。

绘了一个处处受到监视的世界。这对飞行员来说就是常态：可靠性调查问卷、数字化存储的职业和个人数据以及例行检查等，旨在确保飞行员的专业性和其正派的生活作风。飞行员在驾驶舱内的一举一动，都被监听麦克风和数据存储器记录在案。某些不能以电子方式保存的操作将会以书面形式记录，并被储存下来以备日后检查（例如用于事故调查）之用。即便是在下班时间，飞行员也要表现得合乎规矩：在弗伦斯堡（Flensburg），几次驾车违章扣分就能让飞行员丢掉饭碗——要知道有关部门的数据是共享的。大多数飞行员都能接受这种特殊待遇，因为大多数检查都只是例行公事。但另一方面，几乎每名飞行员都对起飞前不断的安全检查感到心烦。这些安全检查假定所有其他的措施

都还不够，包括：人员的筛选和授权、飞行操作区的准入规定、带有照片和数据芯片的证件、制服、飞行文件、机组人员的统一登机等。一名远程航班机长的点评一语中的："你在洛杉矶至法兰克福航线 12 小时的航班期间（也包括准备阶段和安检阶段）什么也没做错，但当你落地德国之后，如果你想以一名'穿着制服的乘客'的身份继续飞往你的家乡，就得再走一遍整个安全检查流程——这非常不合理。"长长的乘客通道的名称听上去就带着歧视意味："未清关（unclean）[⊖]/非申根国家"——乘客和机组人员如果从遥远的（申根协定有效区之外的）外国落地入境，那么他们是"不清洁"的，且必须要通过再次安全检查来"被清洁"。只要机组人员想像其他乘客一样继续乘坐航班，他们就不得不每个月好几次在自己家乡的机场忍受这样的流程。

民用飞行员培训的必要条件

- 航空医学检查合格证（等级 1）
- 具备相关的数学、物理和英语学科知识
- 可靠性检查（官方无犯罪记录证明、弗伦斯堡交通中央登记簿的摘录和未决刑事诉讼声明）

⊖ 原文为 unclean，指"未清关的"，此处作者取其本意"不清洁的"，德语为"unsauber"。 ——译者注

飞机仍然采用经典的汉莎航空公司涂装：
不来梅汉莎航空学校的塞斯纳（Cessna）
Citation C1+ 机型，如今该校是 LAT 汉莎航
空培训中心欧洲飞行学院的一个分支机构。
驾驶员为飞行教员奥利弗·罗森鲍尔（Oliver
Rosenbauer）。

终身学习——这适用于每一名飞行员。无论是飞行学员还是远程航班的机长,每个人都必须具备精进的专业技能,才能满足该领域日益增长的需求。

训　练

从选拔环节起，终身学习就开始了——飞行员宣传手册上的这句话对马库斯·塔内贝尔格（Markus Tanneberger）来说印象尤其深刻。那时，即将高中毕业的他报名参加了汉莎航空公司的考试选拔。在考试中，他的大脑高速运转，最终顺利通过了考试。自此，他便开始了接连不断的培训。这名年轻人如今已是空客 A330/A340 的副驾驶员了。从学生时代起，他便梦想着成为一名飞行员，同时也渴望成为一名音乐家。塔内贝尔格从九岁起便在高校学习小提琴，如今他已经在慕尼黑、柏林和蒙特利尔举办过音乐会了。"我既想以飞行员为职业，又想以音乐家为职业。"这名才华横溢的男人说道。来自不来梅的培训机长吕迪格·卡尔（Rüdiger Kahl）经常说："我们培训的飞行员里头有医生、建筑师、教师和律师等，我们的职业看上去很有吸引力。"

在通过选拔考试后，飞行学员便会被

波音 737-880 的驾驶舱。飞行员在此接受训练，接受并处理海量信息。

分配到不同的课程班。如果是在大型航空公司，这样的班级协会会一直存在，直到飞行员退休。飞行员一起变老，一起变得头发花白，而根据公司的资历名单，他们也会在某个时候一起晋升为小型或大型飞机的机长。

小型航空公司通常从社会上招募新生力量。申请者除了是拥有驾驶员执照和最低飞行时长的年轻的航校毕业生，还有中途加入民航的拥有驾驶员执照和飞行经历的飞行员，如军事飞行员和自费飞行员。申请者的年龄跨度相当大，例如，汉莎航空公司要求没有飞行经历的求职者的年龄介于 17 岁和 28 岁之间，自费飞行员的最高年龄则不受限制。有些航空公司也招收 40 岁左右的飞行员，只要他们具备相关的飞行经历。

马库斯·塔内贝尔格同几乎所有的飞行员一样，他的职业生涯始于在汉堡举行的严格的招聘考试。首先是基本职业考试（BU），主要考察应聘者的数学、物理、英语、逻辑思维和专注力。"考试考察我们感知速度和方向的能力，"塔内贝尔格回忆道，"我们在电脑上考试，协调能力和多任务工作能力也是考察的重点。"

第二道关卡是公司资质测试（FQ），主要考察应聘者的品性：应聘者的性格怎么样？他是否具备良好的精神运动能力？"我们坐在一个简单的模拟器内，"塔内贝尔格说，"但是，在里头找不到飞行的感觉，我不得不把大量精力花费在次要任

从音乐厅到驾驶舱

马库斯·塔内贝尔格，空客 A330/340 副驾驶员

"曾经的驾驶舱有五个人，现在只有两个。"

马库斯·塔内贝尔格从九岁起便在慕尼黑音乐大学学习小提琴。一家人当时从柏林搬到了慕尼黑机场的飞机进场航线附近。那次搬家可以说决定了马库斯的未来人生道路。他对航空充满了热情，经常在家用模拟器上练习长时间的"飞行"，甚至利用巡回音乐会的间隙向飞行员请教专业问题。这名年轻的音乐家现在已经是一名飞机副驾驶员，也成了一名父亲。他负责驾驶远程空客 A330/340。

务上。"多轮谈话和练习环节主要考察应聘者的合作能力、自我反思能力和抗压能力。他在日后的工作中应该表现得可靠且纪律性强，具备责任心和动力——即便是年轻的应聘者，也必须具备这些品性。

马库斯·塔内贝尔格顺利通过了所有关卡和医学检查。那一刻，直通不来梅飞行员学校的道路变得畅通无阻。塔内贝尔格当时感到幸福又骄傲。"对我们来说，刻苦学习的日子开始了，"他回忆道，"课程表排得满满当当。课程有领航学、气象学、电气工程学、空中安全保障、空气动力学和最新学科——人的行为能力，接下

来便是内部考试，从而为持续三天的德国联邦航空局的考试做准备。我们中的大多数都通过了航线运输驾驶员执照（ATPL）的考试。"

之后他去了美国，并在亚利桑那州凤凰城附近炎热的古德伊尔市（Goodyear）接受训练。在学习了大量理论知识之后，塔内贝尔格终于在美国飞行教员的陪同下，在一架单发动机的比奇富豪 F33 飞机上开启了第一段飞行经历。"阴凉处的气温高达 40℃，这就够独特了。"他笑着说。但几周后的第一次单飞让他忘却了所有的艰辛。

在美国接受了第一阶段飞行训练后，他回到了不来梅继续接受培训。他当时驾

飞行学员马克斯·本肯斯坦因（Max Benkenstein）和尤里安·克罗纳特（Julian Krönert）坐在模拟器内准备训练。

型别等级

型别等级是适用于一架飞机或一系列飞机的"驾驶员执照"，一系列飞机是指例如空客系列飞机 A319、320 和 321 或远程空客机型 A330-300（双发动机）和 A340-300 以及 A340-600（四发动机）等飞机。波音 757（短程和中程）和 767（远程）也属于一系列飞机。

型别等级课程通常持续数周到数月不等，飞机学员首先在计算机上学习系统知识，然后在模拟器内深入学习综合技术和众多紧急程序知识。在通过一场考试后，学员会被授予型别等级。到这时为止，虽然飞行员还从未坐上过新飞机，但好在先进的模拟技术可以让学员仿佛直接置身于载有乘客的飞机上，并接受航线培训。这被称为零飞行训练，一种没有"真正的"飞行时间的训练。但是，该流程仅适用于至少第二次参加转机型培训的高级飞行员，年轻的飞行员需要在偏远的机场上驾驶空飞机，进行飞行和着陆训练。

驶的是一架双发动机的派铂夏衍飞机，这是一架涡轮螺旋桨商用飞机。"我们在模拟器内训练所有的紧急程序，然后乘坐'真正的'飞机飞往不同的机场，来练习仪表飞行。"塔内贝尔格说。飞行学员和教员就像身处大型客机驾驶舱中一样坐在一起，团队合作也遵循同样精准的规则。"多人制机组理念有明确的要求，比如谁负责实际操纵，谁负责无线电对讲。"塔内贝尔格解释，"通过了模拟器考试之后，你就可以获得相应的多人制机组资格，然后就可以接受最终的航线飞机型别等级的训练了。"

获得型别等级资格是成为飞行员的决定性一步，因为只有这样，飞行员才能执飞定期航班。这类训练通常在大型航空公司的模拟器内进行。当然，飞行员也可以自费在任意一个模拟器中心取得型别等级资格。

美国作家佩内洛普·格雷诺布莱·奥马利（Penelope Grenoble O'Malley）在她

的著作 *Takeoffs are optional, landings are mandatory*（《起飞是自由的，着陆是强制的》）里描述了一个有趣的现象：当转机型培训开始的时候，飞行员会立刻把之前所学的专业知识当作"压舱沙袋"般抛掉。换言之，他们的大脑进入了"清理模式"，有关飞机的操作界面和数据被"以旧换新"了。出于安全考虑，飞行员的驾驶员执照上只有一种飞机型号或一系列飞机型号。飞行员只有在接受了彻底的重新培训之后，才能驾驶之前被"抛弃"的机型。

航线培训：飞翔的教室

在接受了型别等级、模拟器考核、模拟客舱紧急训练和着陆训练之后，初出茅

推荐阅读

Penelope Grenoble O'Malley: Takeoffs are optional, landings are mandatory. Iowa State Press, 1993, ISBN-10: 0-8138-2414-1.

庐的飞行员感觉自己终于变成了一名专业人士，因为他们拥有了录入正确信息的驾驶员执照。紧接着，飞行员迎来了上机实践。在培训机长的带领下，飞行员要完成持续数周的航线培训。他要完成一长串任务清单，包括完成各种进近程序、在恶劣天气下进行除冰操作、应对乘客问题等。此外，如何在夜间、在浓雾中、在有侧风和跑道湿滑的情况下着陆，也是培训的重点内容。常言道：你只有会落地，才会飞行。每个系列飞机有不同的型别等级，而

在空客飞机的飞行模拟器中，几分钟后便会出现逼真的飞行画面感，这要归功于近年来视觉系统研发的重大进展。

在波音 737-300 驾驶舱模拟器中训练。机长和副驾驶员正专注于手头的工作，他们就像坐在真正的驾驶舱内一样。

各个飞机型号往往在重量和重心上存在显著差异，因此在飞机进近时，飞行员要保持警惕，要注意发动机在复飞时重新加速的速度有多大，飞机在着陆前的最后几米是怎样的姿态。

副驾驶员负责记录一部分飞行日志，按照检查清单检查飞行系统，并在机长按规定巡查机舱时代行其职能。除了纯粹的

飞行任务之外，飞行员还要完成一系列次要任务，不同的航空公司对此有不同的规定，在飞行时，飞行员要按照规定执行这些任务。这一切都离不开刻苦训练和大量练习。

航线培训也以考核的形式结束，现在，副驾驶员终于可以认为自己是受过充分训练的专业人员了！无须经受不断的评

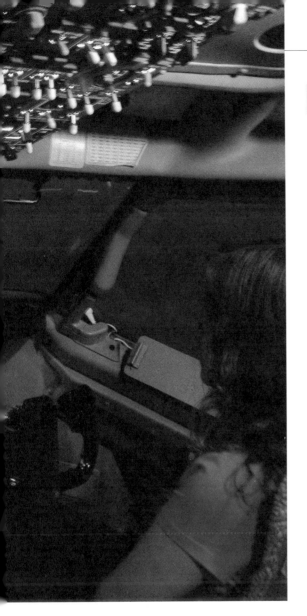

驾驶员和培训机长

吕迪格·卡尔
（Rüdiger Kahl），
常年担任检查员

早在大学学习航空航天专业之时，这名土生土长的汉堡人就意识到他"想要离飞机更近些"。于是他应聘了汉莎航空公司，之后担任了多年副驾驶员和中程航班的培训机长，如今他是远程空客 A380 的机长。

吕迪格·卡尔（Rüdiger Kahl）来自不来梅，担任培训机长已经 25 年了，其中有 16 年的时间是空客 A320 机型的检查员。对许多飞行员而言，这种额外工作是对普通的日常飞行生活有吸引力的补充。"任务包括在某机型上对新同事进行模拟器、着陆和航线培训，"卡尔解释道，"以及负责对老同事的复习训练和半年一次的模拟器考核。然后是所谓的航线考核，每个机组人员都要在一年一度的航线飞行中展示自己的能力。"卡尔深信，培训的内容不仅局限于"装弹演练"，也就是紧急程序演练和日常流程演练，"我们还训练飞行学员的团队合作能力、批判能力、纪律性、决策观念和领导力。"

如今，培训机长还要传授非技术层面的软技能。他们时不时会探讨公司的理

估和考试，就能与那些"普通的航线机长"一起执行日常飞行任务，这是一种多么美妙的感觉。

接下来的几个月充满了欢乐和愉悦，但很快，培训通过后的第一次模拟器考核会将这名新手副驾驶员打回原形，并告诫他：虽然培训结束了，但经常温习也没什么坏处。

吕迪格·卡尔在模拟中控台前。在中控台上他可以输入所有想象到的、让学员冷汗直冒的错误情况。

念：飞行员对自己有怎样的要求？公司对他又有怎样的要求？卡尔认为："培训机长和飞行学员的目标是一致的，即为飞行任务做最好的准备，然后顺利通过考核。"飞行员培训属于成人培训，他们大多积极性很高。如果飞行学员遇到了困难或进入了较长时间的学习低谷期，只要飞行学员还存在进步的空间，培训机长会给他们在教学计划中增添额外的训练单元。人无完人，老师也不例外。卡尔认为，"换位思考一下，我们在自己接受考核的时候愿意受到怎样的对待。"考核是为了保持驾驶员执照的有效性，这是政府部门强制规定的，对飞行员个人而言至关重要。

"大多数飞行学员坐在模拟器前都会惴惴不安，"卡尔深知，"事前的任务说明能够缓解他们的紧张不安。"模拟器考核的流程通常都大同小异。"首先考官会介绍本次考核的项目。接下来的4小时里，考官会以观察者的身份退居一边，并对飞行学员的整场表现做记录。"卡尔认为考官不要过早地发表评论很重要，以免影响飞行学员的情绪。"出错是很正常的；机组人员通常会以团队的形式解决问题。飞行学员没有必要让它成为心理负担。"在考核后的总结环节，考官会告诉飞行学员是否通过了考核，并说明理由。"每一名考官都肩挑两副担子，"卡尔称之为一种特色，"一副是航空局的，一副是航空公司的。"航空局对驾驶员执照考核规定了最低条件，而航空公司则要求飞行员满足额外的要求。"也有一些例外情况，比如飞行员通过了航空局规定的考核要求，但他却要接受航空公司内部的重新培训。"每一名飞行员，从新手到航线机长，每年都要在"模拟器"中坐一回。即便是考官自己也不例外。"有时候的确让人紧张得冒汗。"卡尔笑着说。

飞行员还必须掌握应急仪表使用方法。图中是一个甚高频全向信标 VOR。

法兰克福汉莎航空培训中心波音 747-400 模型的紧急滑梯。

TERR ON ND

始终处于通电状态：闪烁黄光的应急仪表（图中是空客飞机的驾驶舱，左上角是空速表，旁边是高度表，下方是地平仪和甚高频全向信标）依靠电池供电，它们的运转独立于主电源。

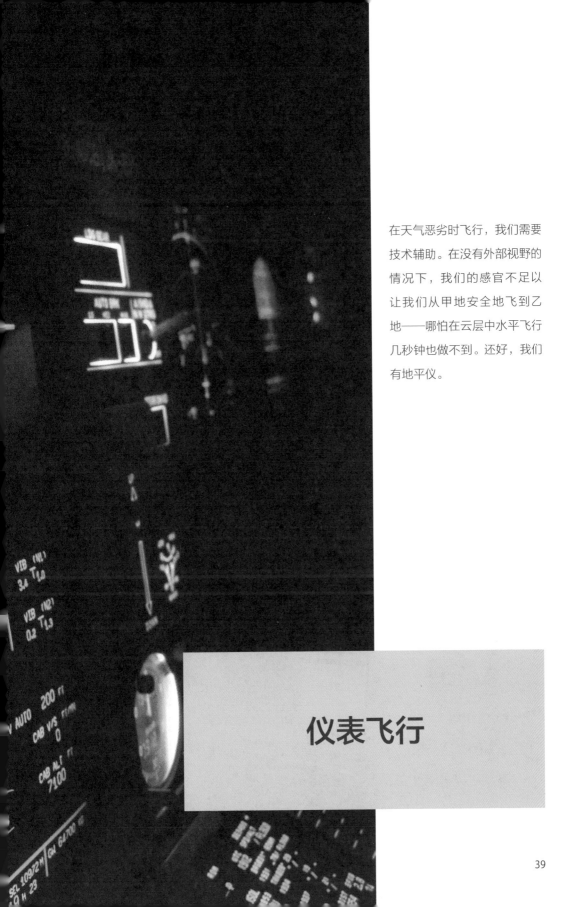

在天气恶劣时飞行，我们需要技术辅助。在没有外部视野的情况下，我们的感官不足以让我们从甲地安全地飞到乙地——哪怕在云层中水平飞行几秒钟也做不到。还好，我们有地平仪。

仪表飞行

在 2001 年 9 月 11 日之前，乘客还是可以时不时地往波音 747 客机的驾驶舱内瞥一眼的。"他们什么都没做呀。"一名乘客笑嘻嘻地说。机长莱因哈德·哥奇希里（Reinhard Gottschlich）听罢，微微转过头。他来自上哈尔茨地区（Oberhalz），为人友善。"我们用头脑飞行，"他对那名乘客嘀咕道，"对一名正在办公的经理，我们也没法看出他脑袋里正在想些什么。"

没错，航线飞行员大部分时间都坐在小小的驾驶舱内。巡航阶段由自动飞行系统接管，所以除了起飞和降落阶段，飞行无须大量的人工操作。机长和副驾驶员可以说是与世隔绝，他们盯着驾驶舱显示器上显示的信息，就像股票经纪人盯着股票行情一样，只不过不像他们那样忙碌喧扰。智能耳机过滤掉了环境杂音。通风装置将驾驶舱笼罩在一片单调的沙沙声中——在驾驶舱内，飞行员已经无法通过声音判断，飞机上是一台、两台还是四台发动机在运转。好在他们有检查清单。

早年间，飞行员经常遇到突发事件，

一架空客 A350-900 的驾驶舱内景：巨大的显示器取代了繁多的小型圆形仪表。

不来梅容克 W33 运输机的驾驶舱。该机曾于 1928 年首次不停歇地横向飞越北大西洋。

有时,他们要和各种因素做斗争。以下是一篇第一次世界大战前的报道:

"……仅仅 15 分钟之后,我们被再次笼罩在灰蒙蒙的雾中……该死的发动机开始吐油,嘶嘶作响……燃油表显示,我们只有 10 升油了……在我们前方,透过迷雾依稀闪着光的,是福尔斯布特尔区⊖的飞艇机库。我用最后一点油绕飞了一圈,一个陡峭的滑行之后,这架'鸽'式飞机轻松而安全地着陆了。"(君特·普鲁肖夫(Gunter Pllüschow):《青岛飞行家之冒险》(*Die Abenteuer des Fliegers von Tsingtau*),乌尔斯泰因出版社,柏林,1916)

这类事件听起来离我们很远,但即便在今天,如果没有相应的培训和仪器,若飞行员意外在云层中"盲飞",也会很快迷失方向;每年都有飞行员遇难。从进化的角度来说,人类并非为飞行而生,我们的感官会欺骗我们。"我们的内耳是很好的运动探测器,"一名航空医生解释道,"尽管如此,我们也不能从冰箱里拿出啤酒,然后闭着眼睛毫不蹒跚地走回沙发。"人耳的半规管里充满了内淋巴,在内淋巴里,细小的感觉纤毛像河边的芦苇一样轻轻摆动。每一次头部活动都会使感觉纤毛弯曲。信号被传递给大脑,然后大脑综合其他的感官印象确定自己在空间的位置。然而,大脑的定位可能具有欺骗性:在长时间的曲线飞行中,内淋巴和感觉纤毛都会停止工作。如果飞行员没有地平线作为方向参照,那么在曲线飞行的情况下,大脑仍会报告为"直线飞行"——这是混乱乃至致命的误判。如果没有外部视野,飞行员很快就会出现眩晕,并导致飞行姿态无法控制。由于飞行时天公时常不作美,

眩晕

眩晕(拉丁语:Vertigo)指的是当现实和大脑预设的情景不一致时,人体产生的不舒服症状。例如,火车司机看到的到底是相邻的火车在开动,还是自己驾驶的火车在开动?这种感觉让大脑受到如触电般的刺激。在飞机上,眩晕更加令人不快(例如:飞出云层后,飞行员会感觉有所倾斜),因为飞行中往往缺乏地平线和地标等参照物;飞行员也无法简单地停下来,搞清楚当前的位置。

⊖ 福尔斯布特尔区(Fuhlsbüttel)是德国汉堡北部汉堡北区的一个市区,也是如今汉堡国际机场的所在地。
——译者注

这就是从前的飞机驾驶舱的样子。图为塞斯纳（Cessna）T-37模拟器，在德克萨斯州为美国空军服役至2009年。

飞行员常常身陷浓雾之中，所以我们需要仪器，以清楚地显示实际飞行情况。

德国机械工程师马克西米利安·舒勒（Maximilian Schuler，1882—1972）发明了转向指针，这是一种陀螺仪，至今仍在小型飞机上使用。一根大指针像钟摆一样左右摆动，摆幅表示旋转速率。一个标记对应每秒3°，两分钟完成一个圆周运动。转向指针下方通常是侧滑仪，它用来

导航显示器上，显示器飞机即将进近中国香港机场（VHHH）。

指示飞机有无侧滑和侧滑方向。侧滑仪内的小球若偏离了中线，意味着（离心）力正在起作用：飞机会以不协调的"滑行"或"推移"的方式飞行，以降低升力。轻轻踩下方向舵踏板，小球便会回到原位。如果"转向指针和侧滑仪小球位于中心"，结合高度表和空速表的读数，可以知道飞机正平直地向前飞行。

地平仪所显示的飞行姿态更容易理解。劳伦斯·斯佩里（Lawrence Sperry，1892—1923）发明了一种带有地平线和机翼的仪器。该仪器也应用了陀螺原理，根据该原理，一个旋转的物体在空间中保持位置稳定。飞行员一眼就能看出微型飞机和地平线的相对关系：深色表示"地球"，浅蓝色表示"天空"；上面有上升角和下降角的标记；转向刻度位于仪器边缘。地平仪又称陀螺地平仪，最开始是由抽吸泵或压缩空气泵驱动的，之后由电力驱动。陀螺的转速可以达到每分钟1.5万至2万转；如今由激光完成这项工作，地平仪也

改成了显示器显示。

地平仪体现了驾驶舱技术的飞跃性进步：无论飞机是转弯，还是在云层中或陡峭或平缓地飞行，在地平仪上都一目了然。第一批飞行仪表板比较复杂，看上去就好像人们拿着铲子把这些"表盘"铲在一起一样，然后当场把它们固定在适当的位置。仪表、操纵杆、按钮，准飞行员必须能够蒙着眼睛也能准确指出它们的位置。因为在浓雾天气里，是否能迅速地判断航线、航速和高度，关乎全机人的生死。最重要的仪表以 T 形排列。仪表飞行的基本原则至今不变：眼睛在几个仪表之间来回游走，大脑中拼凑出飞行姿态的画面。经典的观察和操作包括：比较设定值和显示值，通过操纵杆和方向舵执行操纵动作，通过眼睛接收反馈给大脑并进行相应的纠正操作。关于这些，有的关键数据是固定的，比如空客 A340-600 起

玻璃驾驶舱内的导航显示器。显示器中下方是丰沙尔无线电信标（FUN）的飞机符号，上方是导航罗盘的显示片段，此外还有地速、风速和前方航路点等。

地平仪

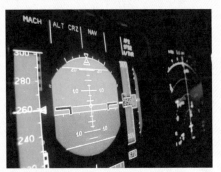

主飞行显示器上的地平仪。左边是航速刻度，右边是飞行高度。

地平仪早期是黑色的，带有黄色的磷光符号。后来才出现了今天通用的"天空和大地"配色。飞机符号是固定的，"环境背景"会如实反映现实情况：左转时地平线向右倾斜，反之亦然。俄罗斯制造的地平仪让不少西方驾驶员感到困惑，因为它的设计正好相反：地平线是固定的，飞机符号则是运动的。

飞时，地平仪上的飞机符号会向上升高 12.5°。转弯时所有机型都是以 25°、最大 30° 的倾斜姿态飞行。水平轴上的每个俯仰姿态都对应着一个合适的推力，以涡轮转速的百分比显示。根据《快速参考手册》（ *Quick Reference Handbook*，QRH）中一个表格所给的参考值，只要地平仪仍在运转，即使在系统出现故障时，无须借助空速表和高度表，每架飞机也可以继续飞行。

几十年前，人们借助可靠的仪表解决了飞行时的空间定位问题。随着数字化驾驶舱的出现，新的问题出现了：自然感觉的丧失和日益提高的自动化。驾驶舱内几

在夜间的驾驶舱工作意味着高度集中注意力和良好的团队合作。

乎没有传统的定位辅助仪表了；转速、温度和距离都以数字化的条带和数字显示在显示器上，而不再显示在圆形的"钟表式仪表盘"上了。飞行中的某些趋势（例如油压下降）不再被飞行员一眼就注意到，而是通过警示标志来突出显示。早在19世纪30年代，在封闭式驾驶舱兴起、夜航和盲飞成为日常飞行的一部分之时，直

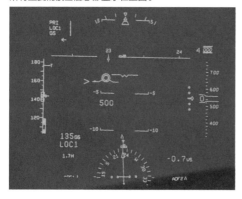

加拿大支线喷气飞机 CRJ 系列引导系统的平视显示器。所有重要的航空信息都显示在上面。

观的飞行体验（例如你可以感受迎面而来的风，拉动操纵杆，看到方向舵的偏转和机头的抬升等）就开始消失了。如今，飞行员与外界的隔离程度已经相当高。

当美国人对什么事情一无所知时，他们会说"No Clue（没有线索，没有头绪）"。飞行员需要一些"线索"来了解飞行状态，例如（人造）天空和地平线、发动机噪声、指针的位置等。大型客机有自动驾驶功能，操纵杆就像被魔术之手牵引着自动移动，飞行员只需通过眼角余光跟踪观察即可。但有些机型的操纵杆在起飞时就被推入了凹槽，并且在落地前一直保持这样的位置，那么上述"线索"就不适用了。

为了保持飞行手感，航线飞行员会进行手动驾驶技能训练，特别是反复的模拟器训练。毕竟，在进行各类脑力劳动时，

动手能力也不应退居二线。高度自动化和数字化带来了一个有趣的副产品：飞行感觉可以被复现，例如在模拟器中，我们以各种各样的技巧来逼真地模拟"飞行"。"飞行员主要依靠虚拟感觉驾驶，"空客飞行员迪尔克·科克纳克（Dirk Kockernack）说道，"这些感觉来自哪里不再重要；重要的是，它们逼真。"由于大部分驾驶舱的信息来自于显示器，所以感觉很容易被模拟出来。科克纳克对这种虚拟飞行非常着迷："我们可以在模拟器中完美地模拟出加速、晃动和噪声，剩下的信息都在显示器上。就这样，一次'人造飞行'[⊖]完成了。"

享受集成技术的乐趣：副驾驶员迪尔克·科克纳克（Dirk Kockernack），民航飞行员。

驾驶舱技术和模拟技术几乎让人忘记了，我们可以像驾驶一架单发动机的塞斯纳飞机一样，以经典的飞行摇杆和配平轮来操纵一架 380 吨重的波音 747 客机。在飞机着陆时，除了在雾天采用自动进近外，飞行员一如既往地使用手动操纵；在飞机下降到距离地面约 15 米时，手动操纵就已经开始了。侧风对飞机着陆也有影响，飞行员要在着陆前操纵方向舵将飞机调整为着陆方向，否则飞机会如同一个集装箱从机械臂上掉落般，重重地摔到地上。只要我们遵守规则，波音 747 客机会成为非常舒适的交通工具，因为它是大型客机，而不是战斗机。

飞行员要用头脑飞行，而数字化驾驶舱却越来越像技术化的机房了。飞行员必须要小心，不可过于迷信技术。科克纳克担心，虚拟现实可能会占上风。"保持一种健康的不信任很有必要，"他一边看着燃油表和飞机发动机数据，一边解释道，"燃油用完时，它就是用完了——先是虚拟层面的，然后是现实层面的。"说到飞行，这名已为人父的飞行员还是更愿意做一名现实主义者，他说"开飞机不是看电影。"

远程空客 A340-600 在夜间的起飞跑道上滑行。一架外部 TV 摄像机（下方的显示器）帮助监测这架足足 75 米长的飞机。

⊖ 原文为"Kunst-Flug"，说话的人在此玩了一个文字游戏，Kunstflug 在德语中指"特技飞行"，说话人特意将两个词拆开表达为"Kunst-Flug"，指的是"人造的、仿造的、虚拟的飞行"。 ——译者注

全神贯注：在远程航班（从德国法兰克福到中国
香港）的简报会上，机组人员讨论飞行流程。

对许多飞行员而言，飞行最美妙的地方在于：在不断变化的团队中工作。虽然驾驶舱和客舱内的每一个动作几乎都被规定得很精确，但同事间的合作关系始终处于动态的"重塑"之中。从第一次共同参加的简报会开始，融洽的氛围就至关重要。

团队合作

在不久之前，副驾驶员还只是机长的助手，负责文书和无线电通信工作；起飞和着陆大多由机长负责。今天的分工则更公平些。所有工作安排都是为二人制工作团队量身定制的，需要通力协作。如果系统发生故障，两名飞行员必须要解决所有问题。和许多其他的团队一样，飞行员也要手脑并用。同时，社交技能也发挥着重要作用。飞行工作不仅事关飞行，更事关沟通，事关互相尊重和对他人飞行经验的尊重。

多人制机组协作

在日益复杂的驾驶舱里工作，我们必须要明确由谁在何时做何事。小型飞机里，一名飞行员足矣，但对于客机而言，机组人员的一举一动都应当像在手术室里一样，井然有序，没有职权冲突。多人制机组协作（Multi Crew Concept，MCC）是适用于手动操纵飞行的一组规则。这些规则都是关于团队的：每架客机的操作手册最前面都会写着"最低机组人员数量为两名，要求持有相应执照"。其中一名飞行员可以在同事无法正常工作的时候，继续执行飞行任务，并将飞机安全降落。这种情况较为罕见，一旦发生，飞行员的工作量会陡然增加。

来自航海业的基本原则延续了下来：机长是领导者，他承担着领导和统筹全局的责任，也拥有"航行决策权"。副驾

空客 A320 的火警操作面板。在紧急情况下，每一个操作都必须由机组团队按照既定的规则进行——如果其中一个发动机关闭，那么它将无法提供推力。

图中有一辆地面引导车帮助飞机滑行至停机位。否则，副驾驶员需要在飞机滑行时充当导航员。

驶员相当于海上的"大副"一职，衣袖上有三道杠，是机长的副手，负责自己的职权范围。两名飞行员都拥有相同的某特定机型的驾驶员执照。不同的航段通常由两名飞行员轮流负责；早在飞行准备阶段，就会确定不同航段的飞行由谁负责。

登机后，首先由机长检查飞行日志。然后，机组人员按照检查清单检查驾驶舱。检查清单里规定了 CM 1（机组成员1，机长）和 CM 2（副驾驶员）负责哪些领域，以及操纵飞行员（PF）和监控飞行员（PM）负责做什么。其中一名飞行员负责打开惯性导航系统，核验登记着货物和乘客最终装载情况的装载文件，另一名飞行员负责检查驾驶舱的应急设备，核查机载文件是否完整。两人还要各自独立地核对起飞数据。此外，还保留了航海业一个微小但很重要的习惯：一名飞行员负责确定时间并校对机载时钟。否则，依赖日期的各类计算机在飞行期间可能会各行其

是，造成令人不快的意外事件。在有些航班上，机长和副驾驶员轮流担任操纵飞行员和监控飞行员。多人制机组协作要求一名飞行员主飞，另一名飞行员负责文书和无线电通信工作。当然，"飞行"并不意味着飞行员要一刻不离地手握操纵杆。飞机起飞后，这项基础工作就交给了自动飞行系统（自动驾驶仪），这样，操纵飞行

在某些机型上，系统会自动生成适当的检查清单，以确保操作流程的安全。此图展示的是豪客（Hawker）850 XP 的起飞检查清单。

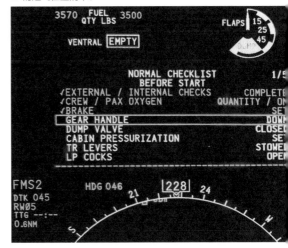

2012 年 12 月 19 日，奥格斯堡航空公司的副驾驶员劳伦特·雷（Laurent Ley）将巴西航空工业公司的 E195 飞机降落在不来梅机场的 27 号跑道上。

员就能更好地纵览全局，另一名飞行员也不必一直监督同事的工作。对飞机而言（也许乘客也一样），手动飞行还是自动飞行并不重要。

明确的任务分工需要明确的指令语言，例如，飞行员在操作起落架时发出"放下起落架（Gear down）"指令，或者发出"全部打开襟翼（Flaps full）"指令，让着陆襟翼完全打开。某些特定的指令由不主飞的同事重复、执行和确认。这些操作我们称之为航海理念，例如，简短有力的驾驶台对话"左满舵（Ruder hart backbord）"。不同飞行场景里，飞行指令是有相应规定的，在操纵飞行员每一次交接班时，飞行员会分别说"你来接手（You have control）"和"我来接手（I have control）"。在起飞和着陆阶段，飞行员绝不能有所放松。多人制机组协作还具有监控功能：飞机在跑道上加速至一定的速度时（例如根据机型不同，加速到 80

蓄电池开关、起落架操纵杆、发动机开关和点火起飞按钮必须各归其位。

COCKPIT SAFETY INSPECTION

BAT 1,2 and APU BAT	CHECK & ON
Landing Gear Lever	DOWN
ENG MASTER Switches (All)	OFF
ENG START Selector	NORM

飞机在雾气中滑行。机组团队必须格外谨慎，以免和其他飞机相撞。低于一定的能见度不允许飞行。

节[1]或者 100 节），操纵飞行员要对其同事的口令"100（One hundred）"回复"收到（Checked）"；在进近阶段，电脑系统在飞机离地 1000 英尺（300 米）的高度时会说出"1000（One thousand）"，两名飞行员都应回复"收到（Checked）"。如果其中某个指令没有得到预想的即时回复，那么其中一名飞行员很可能分心了或者打瞌睡了，乃至无法履行职能了。这时，另一名飞行员必须回复"我来接手（I have control）"，并立即接管飞机。

多人制机组协作规定了常规的飞行流程，但只有在出现"异常"或计划外的情况时，它才真正地发挥作用。在启动紧急程序之前，操纵飞行员将飞机控制在安全高度内，然后才开始着手系统的故障处理。即便是显示器上一个小小警示灯或者黄色（代表"不太严重"）的故障消息，也会触发规定好的流程。操纵飞行员发出指令，例如"执行 ECAM 上的内容（ECAM Actions）"或"启动程序（Start procedure）"，紧接着，另一名飞行员便会根据显示器的内容或纸质检查单开始工作。新一代的可视化驾驶舱还会给出针对故障报错的解决方案。如果飞行员确认了所有的显示要点，系统将读取剩余的"状态"（哪些仍在运行，哪些已经损坏），在这之后，显示器将转换为正常的系统运行模式。在诊断出故障并进行处理之后，接下来的问题是：我们还需要做什么？我们能不能保持航向，我们是否必须在某地中途降落？

机组资源管理（CRM）

机组资源管理解释了什么是团队合作，即有效利用机组可利用的一切资源。

---

[1] 1 节 =1.852 千米每小时。

一架空客飞机在加拿大卡尔加里机场的起飞跑道滑行。在这个阶段，两名飞行员都要保持高度专注。

这里说的资源包括飞行员自身，也包括乘务员、乘客、空中交通管制员和地勤人员，还包括飞行日志和其他信息资源。关于飞机的任何专业知识，只要我们合理使用，都能派上用场。航空局规定，驾驶舱和客舱人员要接受定期的机组资源管理培训。培训重点有两个，一是行为训练——为了更好地合作，我们必须要做什么？二是策略训练——我们怎样共同解决技术困难和人为的困难？该说法有充分的理由支撑，因为超过70%的飞行事故都是由人为错误导致的。完好的飞机因燃料不足而坠毁，或因导航错误而撞到障碍物（可控飞行撞地，Controlled Flight Into Terrain，CFIT），还有因拖延或不顺畅的故障处理造成的额外问题。问题并不都是由技术原因造成的，比如，医疗事件和骚乱的乘客

也可能让机组人员面临艰难的抉择。虽然最后由机长统揽一切，但是飞行员应当在做出决定前始终尊重事实、清楚选项并考虑风险。

多人制机组协作规范的是技术层面，而机组资源管理则是不可或缺的"框架合同"。虽然每名飞行员在预选阶段都是以团队合作者的身份加入，但他必须做好终生遵守这份合同的心理准备，日后若成为机长，也不能摆领导架子。

驾驶舱内的等级制度要比地面上的同类决策层扁平化一些。如果年轻的女性副驾驶员辅助比她年长两倍的远程航班机长工作，那么她也必须指出机长在工作中可能存在的错误，并贡献自己的想法。例如，如果副驾驶员出于安全原因以"复飞（Go around）"指令来命令飞机复飞，那

么机长也必须接受该指令。作为面临紧迫的危险时最后的手段，每名飞行员都可以以"我来接手（I have control）"的指令来接管飞机，因为此时另一名飞行员可能已经丧失了行动能力。飞行员会在模拟器中演练这样的情况，机长希望他的副驾驶员能保持某种程度的魄力和警惕性，因为每个人都可能犯错。

机组资源管理不仅规定了优秀的团队飞行员所要遵守的行为准则和要求，还提供了解决问题的具体方案。在故障报告已经处理完毕，并根据多人制机组协作完成人工操作部分后，就到了适用机组资源管理的时候。而正是在这个时候，以前的飞行员在评估形势和做出决定时经常会遇到问题。机长做了一个决策，副驾驶员不敢反驳——就是这样。其实，这个过程非常重要，即便是最年轻的飞行员也有发表意见和提出建议的权利。此外，机组还需要一个贯穿整个决策过程的核心思路。航空界通常使用缩写 FORDEC 来代表以下六个步骤：

Facts（具体情况是什么）

Options（有哪些可能的选项）

Risks and Benefits（这些选项的优缺点）

Decision（决策）

Execution（执行该决策）

Check（如果一切正常，对此产生新的认知……）

民用支线喷气式飞机上的团队合作。就像所有其他航线的飞机一样，这里的操纵飞行员（PF）和监控飞行员（PM）也会随着航班不同而互相交换角色。

这六个步骤能解决机舱内大大小小各种问题（例如警示灯、发动机故障的情况下继续飞行、出于医疗因素中途降落等问题）。这个过程不一定会以问题解决的形式自动结束。如果出现了新情况（例如着陆点不再合适，或者乘客情况好转了……），那么这六个步骤要重新走一遍，直到机组人员确认没有问题为止。当然，在此期间，飞行员要留心机载时间和燃油指示，因为有些极其紧急的状况（比如炸弹威胁或燃油泄漏）所要求的处理程序更加严格。

实践

请想象一下，我们正坐在驾驶舱内，飞机沿着航线飞行，夕阳的余晖洒在我们身上。飞机像一块悬在空中的木板，航空电子设备的冷却系统从仪表板上方发出轻柔的嘶嘶声。突然之间——警示灯闪烁起来，警报声响个不停！自动驾驶仪停止运行，中间的那个显示器上显示着一个坏消息：液压回路失压了。好在晚饭已经吃

团队合作：一架空客 A340-600 的高级副驾驶员（左边）正在自动驾驶仪操作面板上输入新的飞行高度。

了，检查清单也触手可及。故障一旦被识别出来，就轮到异常程序上场了。一名飞行员接手继续飞行，另一名飞行员按照检查清单逐条检查。

这时候灯亮了：我们正坐在模拟器内呢！还好这些问题和压力只是训练飞行的一部分。我们的学习目标是团队合作和正确处理所有的流程。顺便我们也进行了"手动"飞行训练。客机拥有复杂的自动飞行系统（自动驾驶仪），但即便是最顶尖的技术也有失灵的可能——这时，优秀的手动飞行基础训练就派上了用场。

能发生故障的自动飞行系统？自动驾驶仪真的有"决定权"吗？显示器会告诉你所有该做的事情吗？现实的情况是：飞行员必须长时间坐着，巡航状态时自动驾驶仪是开着的。显示器会显示检查清单，报告故障。然而，单靠技术不能解决问题：尽管驾驶舱的配备顶尖，但仍有可能发生事故。大多数空难事件的背后都藏着人为因素——是人在犯错误。安全专家因此在信息网络领域展开合作，重点研究飞行员的手动飞行能力和社交能力。

硬技能包括专业知识和手动飞行能力，后者也被称为杆舵飞行（Stick and Rudder）或基本飞行（Basic Flying）。机动能力和空间思维使在那些外行人看来不可能的操作成为可能：在暴风雨天气里和有侧风的情况下，将一架 300 吨重的喷气式飞机降落在一段短跑道上。为了保证安全和经济地飞行，正确使用"附着"在自动飞行系统上的程序也很重要。开飞机意味着飞行员驾驶飞机，而非相反。机组人员必须先飞机一步思考，只有这样才能发现故障，并且在需要时接管飞机。按一下操纵杆上的红色按钮，自动飞行模式就会退出。

软技能对团队合作而言至关重要：只有心里也考虑其他机组成员的飞行员，才能条理清晰地规划、决策和行动。机组资源管理就是飞行员的"圣经"，是他们做出决策的准则，是团队合作的"行为准则手册"。在既定的驾驶舱等级制度内（杠

手动飞行难道是太空时代的手工劳动？许多乘客坚信：在超级喷气式客机的玻璃驾驶舱内，飞行员几乎不用做任何工作。飞机是全自动飞行的，着陆时根据着陆引导系统的指引降落。

那么，飞行员是否只负责监测不太可

55

副驾驶员在对比飞行计划（OFP），现在大多已数字化。

越多，意味着经验越丰富），机组资源管理优化了飞行员彼此的沟通。如果飞行员遵守机组资源管理，那么即便面对棘手的问题，也能找到正确的解决方法。飞行员可以通过机组资源管理研讨会提升软技能，但他们同样要掌握硬技能。手动飞行有时候会在飞行日常中被忽视，更多时候，手动飞行是在模拟器内完成的。

曾经，飞行员都是健壮的小伙子，带着自己的行李箱从甲地飞到乙地，要耗费许多体力。驾驶舱内的人数曾多达五人：机长负责驾驶，副驾驶员负责文书工作，其他人负责无线电通话、监控发动机情况或计算位置坐标。如果飞机出了问题，所

有的机组人员都会很忙乱。滑轮式飞行操纵系统对机组人员而言是一大挑战。飞行是体力劳动：绞尽脑汁、汗流浃背，手动飞行是再自然不过的事，自动驾驶仪是奢侈品。

20世纪七八十年代，客机引进了自动飞行系统、陀螺仪导航和飞行管理计算机，还有来自军方的电传操纵系统和平视显示器（飞行员视野正前方显示飞行数据的装置）。也难怪，空客飞机的操纵杆（侧置驾驶杆）看起来与战斗机的操纵杆惊人地相似。

许多飞行员都曾不由自主地被数字化技术吸引。生产商甚至曾公开宣称要制造

无人驾驶舱。他们承诺引入"傻瓜式"工作平台，从而为航空公司节省培训费用。然而，早期电传操纵系统控制的飞机所发生的严重空难事故让"无忧"飞机童话失去了市场。在这项新技术上折戟的，不是新手，而是经验丰富的飞行员。

团队合作和明晰的工作方法正是许多飞行员喜欢的，这一点也将飞行员和其他职业区分开来，飞行员无须为良好的季度数据奔波忙碌，也无须为个人升迁费尽心力。那么，怎样才算是一个优秀的团队？这只能用多人制机组协作和机组资源管理标准来解释。"你需要进行大量的自我反省，"检查员吕迪格·卡尔认为，"要保持批判的眼光，也要学会接受批评。"高级副驾驶员比尔吉特·萨默尔（Birgit Sommer）深信："在一个优秀的航空公司里，一名副驾驶员不必害怕批评机长。"她认为女飞行员和男飞行员在团队合作的表现上几乎没什么区别。"所有的飞行员都要敢于自我批评和承认错误。出现问题时，他们不能举手投降。"在其他女飞行员身上，比尔吉特·萨默尔偶尔会发现一种几乎"非女性化"的冷静和谨慎。"有时候我会问自己，这种从容冷静到底是她们训练自己的结果，还是说她们内心便是如此。"她认为这可能是严苛的选拔程序造成的。波音 747 客机机长伯恩德·科普夫（Bernd Kopf）当年受训的时候，还处于机长具有无上权威的时代。他的看法有所不同："我们这份工作没有勾心斗角和欺凌刁难。"开放、批评、自我反省——但等级制度和角色分工不会因此受影响。机组资源管理是合理的制度，它早就被运用于其他行业，比如核电和医学。无论是在飞机驾驶舱、核电控制中心还是在手术室，优秀的团队合作能够拯救生命。

ECAM：飞机电子中央监控系统（Electronic Centralized Aircraft Monitor），将系统和故障消息显示在显示器上的设备。

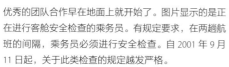

优秀的团队合作早在地面上就开始了。图片显示的是正在进行客舱安全检查的乘务员。有规定要求，在两趟航班的间隔，乘务员必须进行安全检查。自 2001 年 9 月 11 日起，关于此类检查的规定越发严格。

鳞次栉比：空客短程飞机停在慕尼黑机场的
停机坪上。像空客 A321（画面前方）这样
的飞机可以飞行 4~5 小时的航程——足够飞
到特拉维夫了。

在欧洲气候条件下，飞行员乘坐飞机每天起飞和降落四次、五次甚至六次——早晨从白雪皑皑的赫尔辛基起飞，夜晚在罗马的西班牙大台阶上小酌一杯。这样的场景只有飞短程航线才能实现，这也是很多飞行员压根儿不愿离开的原因。

短程航线

航线飞行员的职业生涯大多从驾驶小型飞机开始。副驾驶员首先以此来熟悉四五个小时的短程飞行，还可以好好积累着陆经验。

空客飞机机长伍尔夫·毛雷尔（Ulf Maurer）回忆起从轻型派铂塞内卡飞机转岗到价值五千万美元的数字化客机的经历时说："大型喷气式客机的速度和飞行特性让我们惊艳。"这很好理解，因为这样的转变，就好比从赛艇转到了远洋船上。与航空公司的驾驶舱相比，位于炎热的亚利桑那州的训练机型的驾驶舱相差甚远，只有显示高度、速度和飞行姿态的仪表与之类似。而喷气式客机的驾驶舱内被显示器和计算机填得满满当当。监控和操作它

们，也是飞行员工作的重要组成部分。

资深的航线机长和年轻的飞行员一起坐在驾驶舱内，自动飞行和手动飞行都是必备技能。当其中一人手动飞行时，另一人要一直监视他的工作。这需要飞行员高度集中注意力：当负责驾驶的飞行员"低头"盯着仪表盘的时候，另一名飞行员要监测飞行操作是否符合操作规范，并要额外留意空域状况。这样的训练特别费神，因此，它不适合在繁忙的大型机场展开，尤其是天气晴朗、小型飞机在视线范围内飞来飞去的时候。更适合训练的，是不那么好的天气条件和不佳的视野以及漆黑的夜晚。

自动驾驶仪是必不可少的，众所周

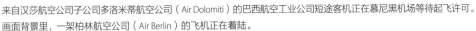

来自汉莎航空公司子公司多洛米蒂航空公司（Air Dolomiti）的巴西航空工业公司短途客机正在慕尼黑机场等待起飞许可。画面背景里，一架柏林航空公司（Air Berlin）的飞机正在着陆。

知，它是飞行的首选项。特别是当飞机出现技术故障的时候。使用自动驾驶仪是为了给飞行员制订计划和实施行动腾出精力。人类是习惯的动物，飞行员也需要舒适度和冗余度。当自动驾驶仪开启的时候，飞行员可以轻松地跟踪显示器上的飞行路线。如果自动驾驶仪出现了故障，飞行员也可以立即调回手动飞行模式。当近地告警系统或机载防撞设备启动时，飞行员应立即关闭自动驾驶仪。毕竟，飞行员是飞机驾驶员，而不是执行指令的机器人。

让年轻的飞行员感到乐趣无穷的是，短程飞行意味着多次起降。他们喜欢手动飞行，也想在步入平稳的远程飞行阶段之前（如果航空公司有开设远程航线）积累更多飞行经验。在此期间，像汉莎这样的航空公司会允许飞行员根据自己的意愿，决定是否转到别的机型。如果飞行员从小型的波音737客机转岗到大型波音747客机上，他的薪酬不会改变。飞行员不必再像以前那样，为了在退休前达到最终薪酬等级，接受数次转机型培训。这样不但培训成本得到了控制，而且每名飞行员也可以按照自己的喜好选择机型。当然，所有的晋升都基于资历，这样便可以从一开始就避免恶性竞争和不公正的现象。

这套规则所带来的结果是：相对年轻的飞行员已经在大型长途喷气机上飞行，而许多老机长继续心满意足地驾驶短程飞机，尽管他们其实早就可以驾驶更大

机长乌利·库普吕斯（Uli Küplüce）和副驾驶员（现升任机长）萨沙·洪切克（Sascha Honczek）于起飞前坐在波音737-300的驾驶舱内。

机组人员检查飞行天气状况，粗线条代表强风场（喷射气流）。

型的波音747客机或空客A380了。自从不再提供大型客机的机型津贴之后，飞行员的申请流程也有所改变。"谁愿意去开大飞机就去开，"汉莎货运航空的副驾驶员马库斯·库格尔曼（Markus Kugelmann）

加拿大航空公司的支线客机。该系列飞机是由加拿大航空公司的挑战者公务机发展而来的，目前在世界各地服役。

说，"要想经历没有时差的夜晚，只有短程航线能做到。"飞行员在职业方面都是个人主义者。他们普遍相信：飞机的样貌不重要，载客还是运货也不重要。重要的是，要在飞行和个人休闲之间找到健康的平衡。

许多小型和大型航空公司的子公司只运营中短程航线。他们的飞行员不会因只能从罗马飞到莱比锡，而不是从纽约飞到东京而感到不快。"我最喜欢的目的地是地中海地区和东欧，"退休的乌韦·温克尔（Uwe Wenkel）机长透露。他以前驾驶过德国联邦武装直升机和民用直升机，后来转到了汉莎城际航空公司，从那以后又驾驶加拿大航空公司的支线客机很多年。直到退休前，他还驾驶过巴西航空工业公司的 195 机型。温克尔对他刚入行的那几年记忆犹新。"加入空军可以说是出于偶然，直升机驾驶员的培训严格且充满乐趣，但我几乎没有什么个人休闲的时间。"

温克尔回忆起当年的成绩压力："培训教员让你觉得，他不需要你。你只是众多飞行员中的一个。"温克尔喜欢他飞行过的航线网络，支线客机的航线覆盖了欧洲大部分区域。他从斯堪的纳维亚半岛飞到阿尔巴尼亚，也从乌克兰飞到英国。从法兰克福飞到莫斯科只需要两小时。"早

一架汉莎航空公司的波音 737 停在不来梅机场。这一久经考验的机型现已被替代。

上在法兰克福办理登机手续，晚上经赫尔辛基和法兰克福抵达米兰，经过四次飞行后，第二天晚上在巴黎度过，下一个晚上在马德里度过——这就是日常的短途飞行生活。"温克尔解释说。他称赞短途飞行"在相当多的领域有做决定的自由"。自从他退休后，他便和夫人一起自驾帆船远航了。

远程航线飞行员的经历非常引人入胜又变化多端，时光如箭般飞逝。"有时候下雪，你一天要给飞机除冰好几次，但几分钟后又阳光灿烂，到了晚上你又穿着 T 恤坐在某个地方，这很让人兴奋。"远程航线机长罗兰德·萨默尔（Roland Sommer）说。他出生于巴伐利亚，在陶努斯长大，然后抱着"一心飞行"的念头从高中毕了业。早在航空公司接受成为副驾驶员的培训时，他就明白了飞行的意

2006 年 4 月，受欢迎的不来梅机场员工阿方斯·多姆贝克（Alfons Dombek）进行退休前的最后一次飞机牵引作业。

从直升机到固定翼飞机

乌韦·温克尔（Uwe Wenkel），常年担任巴西航空工业公司支线飞机的机长

转子叶片和涡轮之间的职业生涯

温克尔出生于马格德堡，曾在联邦军队担任过几年的直升机驾驶员，后又担任直升机接运引航员（从陆地到船舶或到钻井平台，是一份薪酬可观的工作），后来加入了航空公司。也是在那时，这名直升机驾驶员成了固定翼飞机飞行员。

温克尔已结婚四十年有余，育有三子；其中一个儿子是一名远洋船船长。

义。"我第一趟航班是从法兰克福飞威尼斯，因大雪而延误，我们在跑道上等了一个半小时。"在空客 A340 上担任了多年副驾驶员后，他成了"小妹妹"机型空客 A320 的机长，这是一架真正的主力机型，和波音 737 差不多大。转机型培训对他而言并不难，因为空客系列的驾驶舱和系统配备高度相似。这种通用性节省了培训费用。某些航空公司的飞行员甚至可以混合飞行短程和远程航线。

驾驶舱内的工作都是经过精心优化安排的，以保证短程飞机在地面停留的时间维持在 25~30 分钟。飞机着陆后，马上会有新的飞行计划包送到驾驶舱，机组人员检查天气状况并订购燃油。在短程飞机驾驶舱内，只需要按下一个按钮，系统会自

清晨云雾中的美丽景色。飞机飞临不来梅机场。

动限制燃油量。

　　飞行路线通过无线数据传输从地面直接加载到驾驶舱的飞行管理系统中。飞行管理系统不仅存储了飞机的所有关键数据，也存储了飞机的性能数据。它"知道"飞机在某一飞行阶段能飞多快或飞多高。

　　在两趟航班之间的地面停留（经停）时间内，很多事是同时进行的：给飞机加油、清洁，由驾驶舱和机组人员检查飞机，并为下一次飞行做好准备。在乘客登机时，一名飞行员在外面进行目视检查。驾驶舱的准备工作总是以起飞前检查清单结束。在这一点上，小型飞机和大型飞机没有区别。

　　罗兰德·萨默尔（Roland Sommer）提及短程和远程航班的一个区别："在远程飞行中，飞行员在着陆前一两个小时就会打开进场航图，熟悉进场程序。一些短程

从模型机到空客飞机驾驶舱

"我想开大型喷气式客机。"

罗兰德·萨默尔
（Roland Sommer），
空客飞机机长

　　"我的父亲研发全玻璃纤维复合材料制作了模型飞机，我的母亲是一名受过高等教育的药剂师，曾是飞机生产的负责人。"萨默尔讲述道，"我很小的时候就喜欢做飞机模型。"后来，他自费考取了私人飞机驾驶员执照，然后加入了汉莎航空公司。在培训和航线飞行的间隙，他还兼职在仓库打工，后来他成了副驾驶员。如今，他作为空客 A340 的机长在世界各地往返。和他的妻子兼同事比尔吉特（Birgit）一样，他喜欢运动和旅行，对历史悠久的机型很感兴趣。

副驾驶员约根·冯·德·布雷利博士（Dr. Jorgen von der Brelie）在空客 A350-900 上吃午餐。

航班则不会提前那么长时间。"然而，对待超短程航班（例如，从斯图加特飞往苏黎世，或从法兰克福飞往斯图加特）也需要像对待远程航班（如香港飞往慕尼黑）一样认真；需要有条不紊地做好每一件事。令人印象深刻的是，乘务员在短短25分钟的飞行时间内从容地提供服务，并在飞机即将降落时淡定地回收咖啡杯和啤酒瓶，直到起落架即将打开，机舱内传来"乘务员，准备降落"的指令。"我们飞行员也得参与其中，"萨默尔说。"我们要及时关闭和打开安全带标志，这样才能保证在这么短的旅途中提供服务。尽管要做到准时，但我们不能让我们的同事疲于奔命，在遇到气流飞机颠簸时我们还要提醒他们系好安全带。"

吕迪格·卡尔（Rüdiger Kahl）也是短程航班机长，他看重的依然是"飞行本身"。"分析五次飞行文件，监控五次地勤服务，在欧洲、北非或者西亚某地起降五次，整个过程每天长达13小时——真是令人精疲力竭，"他说，"但也有航班较少的工作时间。而且虽然我们每天在不同的地方停留，但是这些目的地之间几乎没有时差。"

有些飞行员拒绝了各种大型飞机，坚持驾驶入门级的飞机。这种情况就好比在黑尔戈兰岛[⊖]之旅中雇用一名船长，并让他沿着该岛的红色水成岩海岸线航行直到退休——无论如何，这是一个值得尊敬的决定，没有同行会因此嘲笑他。

谁可以做决定？

很长一段时间以来，大家似乎都很清楚：只有机长才可以下达复飞的命令，正如格言所说：事后谁站在法官面前，谁就有飞机上的决策权。一代又一代的飞行员都严格遵守这种等级制度，尤其在亚洲，那里观念相对保守并有尊敬上级的传统。直到近些年来，来自副驾驶员的批评之声才慢慢被听见。机组资源管理（CRM）为机舱内的团队合作定下了基调，它虽然没有让旧秩序失效，但是清除了旧秩序的许多阴暗面。机长一如既往地对飞机和机组人员负全部责任。其他机组人员在其责任范围内各司其职。每个人都可能犯错，因此，飞行员的互相监督、结构化的决策流程和"申诉权"共同织就了应对空难的安全网——要知道，灾难往往始于不起眼的错误。

监控飞行员（PM）负责报告所有不符合正常流程的偏差情况。所有词都有精确的定义，例如，

"Speed！"表示速度，"Pitch！"表示飞行姿态。任何人都不应顾虑同事更有经验而克制自己的看法，相反，如果同事一直超过极限值，并且没有对监控飞行员的口令做出反应，那么监控飞行员可以发出口令"Go Around（复飞）"！同事必须遵守并实施该指令。原因是：一次重新降落无论如何要比一次失败的降落安全得多。在安全的飞行高度上，飞行员还有讨论的时间。

此时，机长的权限不受影响：如果发生争议，机长仍然可以根据法律规定坚持着陆。但这种情况通常不太可能发生，因为经过复飞，局势大多可以好转。但我们不可能预见所有情况：在发生火灾、飞机燃油短缺和出现特殊障碍物的情况下，飞机可以着陆。

⊖ 黑尔戈兰岛是北海东南部一座岛屿，属德国石勒苏益格—荷尔斯泰因州管辖。岛的沿岸有一段红色水成岩海岸线，是有名的游轮观赏路线。 ——译者注

在每一次飞行前，外部检查都是必须的。
图中，副驾驶员正在检查空客 A340-600
的前起落架。

对有些飞行员而言，远程航线才是真正的飞行。远程飞行时，天气条件有时完全不同，空中交通管制员（简称管制员）经常说着口音奇特的英语。"旅行使人受教育"——这句格言尤其适用于那些喜欢探索异域风情、在工作中拓宽视野的飞行员。

远程航线

飞行员如何看待他们的职业？是否会认为他们是被神圣化的公交车司机？大多数飞行员对这个比喻一笑置之。公交车司机、出租车司机、卡车司机和火车司机当然都是交通运输行业里值得尊敬的同行。但不可否认的是，航空有其特殊性。一旦飞上天，飞机在任何情况下都必须平安降落，不可能让飞机向右靠边停车。飞行员实际上是不可取代的，因为，如果没有人负责降落，乘客和货物很快会在起飞后走向不归路，换言之，他们都会被活埋——

而且还是在完好无损的飞机上。

对飞行爱好者而言，这项工作具有惊人的魅力。"这份工作适合浪漫主义者，"工作多年的波音747客机机长伯恩德·科普夫（Bernd Kopf）说，"日出和日落、奇特的云景、鸟瞰视角下壮观的景色，各种各样的天气景观……我看过其中最棒的风景。有一次飞机在进近不来梅机场的时候，正是日落时分，头顶上方一片乌云落了雨。那场景震撼极了，因为我们正以400千米每小时的速度穿过红色如血的雨滴。"

一架加拿大航空公司的波音767在慕尼黑机场着陆。经过一天的工作，机组人员可以享受规定的休息时间，而飞机将在不到两小时后起飞返航。

空客A340-600的四台发动机为300多名乘客提供充足的动力。副驾驶员巴斯蒂安·里特维尔特（Bastiaan Rietvelt）站在3号发动机旁。

今天的驾驶舱

如今，在许多远程航班的驾驶舱中，也只保留了两名飞行员。他们坐在显示器前，手握侧置驾驶杆。曾经的"飞行员思维"是否消失在显示器和计算机中了呢？今天，我们对飞行员的要求很高，他们要掌握大量的系统管理技术。没有飞行员愿意和20世纪五六十年代的飞行员互换工作，如今，还有谁愿意驾驶没有液压控制的DC-8飞机呢？

但飞行员依然在小型飞机上练习飞行。每名飞行学员都会接受最低限度的"操纵杆和方向舵"式培训，学习"钟表店"外观的仪表盘的传统操作方法。他们进入大型客机的数字化驾驶舱的时间很短，型别等级评定的要求很高：飞行学员必须适应不熟悉的飞机尺寸。

跨大西洋飞行计划。从左到右依次为时间 - 坐标 - 航线 - 距离 - 飞行高度 - 天气和风力信息。

时间	坐标	航线	距离	飞行高度	天气和风力信息	
0251	54N020W		1275		36 -58 15/034	
.25						
44		280	353			463
0335	55N030W		1628		35 -58 12/054	
18.08						
40		270	344			467
0415	55N040W		1972		32 -54 10/047	
.79						
41		260	354			470
0456	54N050W		2326		32 -52 09/034	
9.30						
19		249	156			472
0515	CARPE		2482		31 -49 06/022	
.49						
12		241	104			474
0527	REDBY		2586	CLB	30 -47 34/071	
20.06				380		
73		227	604			472
0640	TOPPS		3190		42 -49 34/105	
21.14						
14		213	114			461
0654	T O D		3304		44 -56 32/080	

实际上，计算机技术已经将驾驶舱全副武装，飞行员的工作压力也因此减小。自动化控制系统将飞行员从控制回路中解放出来，但可靠的技术也会让一些职业新手丧失警惕。飞机的保护功能可以避免严重的飞行错误（例如极端的倾斜角度）和一些系统故障。由于在日常飞行中，手动飞行大多集中在起飞和着陆阶段，安全专家和制造商正在研究如何让飞行员在任何时候都能完全控制飞机，并保持他们对突发事件的适应能力。

工作就是工作

远程航班的飞行员应该住在民用机场或执勤基地附近。因为排班时间极其灵活多样，所以飞行员经常几天不回家，然后

飞往芝加哥的航班。在起飞前，从登机桥上看飞机发动机和停机坪。

高级副驾驶巴斯蒂安·里特维尔特（Bastiaan Rietvelt）检查前起落架舱的起落架。

在计算机前准备远程飞行。机长弗兰克·利泽（Frank Liese）（右）、副驾驶员托马斯·赫雷勒（Thomas Herrele）（中）和高级副驾驶员扬·汉特尔曼（Jan Hantelmann）（左）在讨论天气和飞行计划并订购燃油。

有一天或几天的休息时间。飞行员甚至可以住在国外，只要他能准时到岗。"我们假设，你在本月 24 号被派往洛杉矶，"机长科普夫说，"你 26 号要回到法兰克福，算上 9 小时的时差，这样你在洛杉矶就有一天的时间。"科普夫很赞赏轮班工作："我们没有所谓的工作日。我们有一个月度排班表，其中包括各个航班的详细情况，中间有休息日或休息时间，你可以在一定程度上参与这个时间表的安排。"许多飞行员从枢纽机场法兰克福机场起飞。汉莎航空公司还有一个枢纽机场是慕尼黑机场。在两大机场都有机组人员基地，基地管理人员负责飞行计划的管理及机组人员的管理。

每趟航班都从值机开始。飞行员将他的笔记本电脑连接到一个特殊的扩展坞上。"有了这个，我就会自动报到，这样运营中心就不必专门找我了。"科普夫解释道，"哪怕我只是迟到了 5 分钟，马上就会有待命的同事接替我，以免影响准时起飞。"在值机后，他会将公司关于技术或工作程序的最新更新数据加载到他的笔记本电脑上。

机长和高级副驾驶员以及副驾驶员在摆满计算机的长长的简报桌边碰头。他们要检查飞行文件：运行飞行计划（Operational Flight Plan，OFP）、飞行员新闻（机场或航线的技术变化）和天气预报；然后订购燃油；燃油量因飞行时长和

远程航班的机组人员登上了空客 A340-600，本次航班从慕尼黑飞往芝加哥。

起飞重量不同而有很大差异。燃油必须有储备用量。在乘客登机前，前往洛杉矶的飞机很快便加满了 139 吨燃油。

接下来召开客舱简报会，驾驶舱团队在另一个房间与乘务员会面。乘务员的

伯恩德·科普夫（Bernd Kopf）在波音 747 客机旁进行例行的机外检查。

领导即乘务长，召开服务会议并检查同事的应急知识。"我们有大约 18000 名乘务员，总能让你感到惊讶的是，这其中还有你不认识的人，"机长科普夫感叹道，"和我搭班的同事，他们互相之间也不怎么认识。我们将讨论这次飞行的重点。而作为机长，我要告诉团队其他成员，我是如何设想接下来的流程和团队合作的。"

经过安全检查和护照检查之后，机组人员乘坐摆渡车前往登机。"接下来开始与时间赛跑，"科普夫说，"所有的流程都有精确的规定，如果没有技术或者组织上的问题，20 分钟后第一批乘客就开始登机了。"飞机加油完毕，技术上也一切正常（也许在此期间必须更换轮胎），食品和饮料装载完毕并核验完成。乘务员已经检查

了指定位置的所有应急和安全设备。一切都为了准时起飞——以最短的准备时间来尽可能高效地工作。

在此期间，驾驶舱的准备工作已经进入收尾阶段。一切都完成后，飞行员开始阅读飞行检查清单。然后，飞行员通过无线电通信获得计划飞行路线的许可，紧接着向塔台申请推出许可。

飞行员启动发动机，这架波音747客机被拖车推出停机位。在确认拖车和飞机脱钩并得到塔台的许可之后进入跑道等待起飞。

"起飞数据每次都要根据当前的环境条件计算，并由另一名飞行员检查确认。"科普夫说，"在专门的简报会上我们会讨

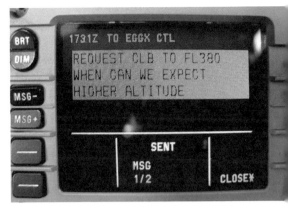

与北大西洋管制员通过 CPDLC 进行无线电沟通：我们什么时候可以上升？

论关键的起飞阶段。"起飞由被分配到该航班的操纵飞行员完成。只有机长可以加速。如果不得不中止起飞，也由机长决定。即便在睡梦中，飞行员也要掌握统一的流程和操作——这在没有时间讨论的情

滑行阶段，空客 A340-600 的主飞行显示器可以切换到机头上的摄像机画面。

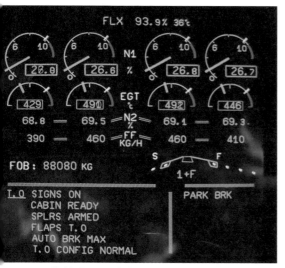

发动机显示器。在这里可以看到空客 A340-400 的发动机显示: 涡轮转速、排气温度、检查清单等。

况下尤为重要。

在空中,当飞机收起起落架和襟翼后,飞行员明显放松许多。要到达巡航高度还需要半个多小时。在此之前,飞行员监视空域并遵循管制员的指示。大型机场附近的客流量很大,虽然空中交通管制良好,但也不能完全排除误会的发生。

从法兰克福飞往洛杉矶大约需要 11 小时,其中有约 4 小时在北大西洋上空飞行。在飞机降落前的 1 小时左右,驾驶舱团队开始准备工作:分析航图、输入计算机指令和发布乘客广播。然后召开飞机降落简报会,操纵飞行员会把所有的重要细节梳理一遍——包括可能发生的复飞。

着陆后,每名机组人员都有些疲惫。"按家里的时间已是深夜,每个人都在机舱内站了超过 13 小时,期间只有很短的休息时间。"科普夫谈到日常飞行时说道,"但在洛杉矶,现在才下午 2 点,生活的

3 号位准备起飞。图中飞机在慕尼黑机场的两架远程空客飞机后面等待起飞,在 08 号跑道左侧。

氛围正浓。"即便是疲惫的机组人员也难逃这种生活的诱惑:有些人去购物,有些想吃顿大餐,只有少数人选择了早早上床睡觉。也许还有同事租车去兜风,但许多同事更愿意在泳池边好好放松一下。他们心照不宣地约定,在第二天吃早餐的时候见面。

"飞行员的工作场所是整个世界。"科普夫笑道。在这名资深飞行员的身上,我们依然能看到他对飞行的痴迷。知名航空公司通常会让他们身处非欧洲国家的机组员工下榻当地的五星级酒店。这只是远程飞行的好处之一,除此之外,航班数量少、航班时间表稳定性高也是优势。飞行员按照法定的工作和休息时间工作。根据劳资协议,飞行员每周的工作时间是可以超过 50 小时的,但雇主也要确保遵守这个时间。"乘客希望看到睡眠充足的飞行员,"科普夫解释说,"我们的健康状态关系到全机人的生命安全。"

理想职业——机长

"在一个无比美妙的行业里待了 40 年。"

伯恩德·科普夫(Bernd Kopf),前波音 747-400 机长,现已退休。

科普夫在黑森林边上的拉尔(Lahr)小镇上长大。他留着小胡子,为人友善。他回忆道:"是我的一个同学让我有了成为飞行员的想法,他当时在《Hobby(爱好)》杂志上看到了一篇文章,并且向我保证说,我肯定满足所有的申请条件,我至少可以试着申请一次。"科普夫接受了他的建议,并在汉莎航空公司走上了他的事业巅峰:在度过必经的副驾驶员阶段之后,他成了波音737 的机长,之后又驾驶历史悠久的旗舰机波音747-400。与此同时,科普夫是驾驶舱飞行员协会的发言人,并代表汉莎航空公司为阿曼苏丹驾驶私人大型喷气式飞机。"从各方面来说这都是一份富有异域风情的工作。"这名经验丰富的机长也作为教员培训了许多飞行员——其中也包括本书的作者。

加拿大航空公司的远程飞机即将着陆于慕尼黑机场。

远程飞行意味着拓宽视野：无论是即将降落时，看到的芝加哥奥黑尔国际机场纵横交错的跑道……

……还是俯瞰高楼林立、在潮湿的清晨醒来的亚洲大都市——中国香港……

……格陵兰岛附近水面上的浮冰在向飞行员招手。

在空客 A340 驾驶舱内的每晚，飞行员都倍加期待新的一天。

一切尽在掌握：机长安德莉亚·安贝奇
（Andrea Amerge）坐在空客 A340 的驾驶
舱内。21 世纪伊始，汉莎航空公司迎来
了首位女性机长。

这放在20多年前是轰动性新闻，如今已成为日常：女性坐上了大型客机的驾驶位。她们有机会可以兼顾家庭和事业，因为航空公司给她们提供了各式各样的非全时工作模式。

驾驶舱内的女性

距汉莎航空公司迎来首位女性机长已经 20 多年了——这在当时可是轰动一时呢。其实在那时，小型的德国航空公司已经有女性飞行员了，其他国家的航空公司，比如美国和法国的，也是如此。然而，在当时的德国，却还保留着认为女性不适合飞行工作的偏见，理由包括：她们的体力和耐力跟不上，和男同事潜在的恶性竞争，缺乏技术知识，飞行播报的声音太过尖锐等。

"胡说八道，"波音 747 机长莫妮卡·赫尔（Monika Herr）笑道，"我不明白我们有什么不同。相反，我一直听别人说，能在男女搭配的团队中工作是多么愉快。即便是女性机长，也不会让人不舒服，那些相互之间沟通良好的人总会受到尊重。"赫尔是自费飞行员。她自费完成了飞行培训，并在所有的航空

支线飞机的女性力量：机长乔安娜·福茨克（Johanna Foitzik）（最右侧）和其他机组成员。

站点工作过——从小型单发动机飞机到支线飞机。20 世纪 80 年代末，半路出家的她申请了汉莎航空公司的职位。"在那个年代，有时特别艰难，"赫尔回忆道，"我要在我的主业之外完成一整套飞行培训。"她学习了很多航空公司的培训材料上没有的知识。"我当时周末在一架航空技术公司实习，学习了很多实践知识。"她也经历过低谷期，因为业绩压力很大。"如果没有我朋友们的支持，我可能已经放弃了，"赫尔感激地说。

在 30 多年的飞行生涯里，莫妮卡·赫尔从未后悔过选择这个职业，部分原因可能是，大型航空公司为像她这样的妈妈提供了机会。"我可以非全时工作，"她感到很欣慰，"规划部的同事都很合作。"但这份工作也含有一丝苦涩："有飞行任务的时候晚上没办法回家，这需要提前做好大量的安排。我丈夫在一家美国飞机公司工作，他出差的时间比我还多。"在驾驶波音 747 客机的那几天里，莫妮卡·赫尔感到不安，她想念她的孩子。"在德国，工作的母亲还没有那么多，更别说是我这种职业。"但回到家后，事情又变得不一样了："我更加享受和家人在一起的时光，并且更加珍惜跟家人度过的这段时间。"因为有孩子，她以非全时模式工作。但她必须坚持飞行时长以始终保持专业水准。她每隔半年参加一次模拟器执照考核，她对此依然有些"怯场"。

主妇、母亲和机长

"学无止境。"

莫妮卡·赫尔（Monika Herr），波音 747-400 机长

"以前，汉莎航空公司的驾驶舱不允许女性进入，"赫尔回忆道，她是两个学龄儿子的母亲。"我 16 岁就拿到了滑翔机驾驶员执照，高中毕业后曾做过商务翻译。"当时，年轻的她还自费考取了仪表飞行授权的驾驶员执照和航线运输驾驶员执照（ATPL）。她作为副驾驶员的第一份工作是 1989 年在汉莎城际航空公司的前身——德国航空公司（DLT）的福克（Fokker）50 客机上。同年，她转投汉莎航空公司，并担任波音 737 和波音 747-400 的副驾驶员。2002 年底，她接受了预备机长培训，之后便再次在波音 737-300 上工作。现在，她是波音 747-400/800 的机长。

像所有汉莎航空公司的飞行员一样，比尔吉特·萨默尔（Birgit Sommer）走的是传统的路线：她在高中毕业时通过了招聘测试，不到 20 岁她就已经在不来梅飞行学校学习了。"我妈妈是神鹰航空公司的乘务员，"这名年轻的女士说，"我一开始也想成为乘务员。"但她十分渴望飞行的感觉——1.82 米个头的她面对其他的飞行学员并不感到胆怯。"我是当时我们那一期 28 名学员中唯一的女生，"这名副驾驶员回忆道："在美国训练的时候我们住的是那种集体宿舍。我们的卫生间是公用

81

靠技术飞行

"出现问题时，飞行员不能举手投降。"

比尔吉特·萨默尔
（Birgit Sommer），
空客 A320 机长

作为一名乘务员的女儿，她早在 8 岁时就开始想着从事飞行员这项职业。"当时汉莎航空公司招了第一批女性，可以说是轰动一时啊。"她在高中毕业期间通过了飞行员测试，然后进入了汉莎航空公司。作为两个孩子的母亲，她一开始在神鹰航空公司飞柏林的度假航班，之后成了汉莎航空公司空客 A320 的机长。

的，我作为女性，使用的时候会挂出一条毛巾作为标志，但我的毛巾总是被偷走。"她说，但除此之外，其他一切都很顺利。她总是心情愉悦，她的朋友们亲昵地称她为"小比吉"。"我在这个男人的行业里感觉很不错，同事们对我也很公正。"在私人生活中，女性飞行员仍然被看作异类。"在我们班同学和朋友之中，我是引人注目的那一个，"比尔吉特·萨默尔说，"大家只看到了我们这一行像巧克力一样甜蜜美好的一面，但没人注意到，我们工作时间很长，还要在夜间飞行。"为了弥补长时间坐着的不足，她运动量很大，她不介意每天飞行四到五个航班。"我的飞行员同事通常会讲一些有趣的事，因此飞越欧洲的一天很快就过去了。"

比尔吉特·萨默尔曾经作为副驾驶员

和她丈夫罗兰德·萨默尔——当时已经是机长——一起飞越半个地球，之后，她迎来了育儿假和预备机长培训。"我很乐意带着我的母亲或者我的一个孩子一起去，"她补充道。她特别喜欢远程空客 A340-600，"因为它在天上飞得特别棒。"如今，她也很享受驾驶早就熟悉的 A320 机型。她喜欢现代科技和技术产品，比如新型计算机和手机。"我并不怀旧，"她看了一眼数字化仪表和显示器，微笑着说。"以后，我也许会驾驶新型的远程空客 A350，或者公司采购的其他机型——总之是现代化的飞机。模拟技术已经过时了。"

机长达格玛·哈登万格（Dagmar Haldenwanger）在成为飞行员之前，心路历程和其他许多女性一样：想做点儿与众不同的事情。"我觉得我并不擅长建筑学，"这名高大的女飞行员回忆道，"有一阵子我在寻找能够真正给我挑战的职业。"她步入了空中交通管制行业，有许多女性在这一行轮班工作。"管制员认为，我应该去试一下对着其他的麦克风讲话，比如坐在汉莎航空公司飞机的驾驶舱里讲话，"哈登万格说，"然后我就这么做了，没想到居然成功了。"

在完成了汉莎航空公司的培训之后，哈登万格在接下来的几年里，在神鹰航空公司飞短程和远程度假航班。也正是在这段时间里，她积累了担任机长的第一段经验。她的总结实事求是："航线飞行完全是适合女性的。飞行的乐趣随着与你同行

达格玛·哈登万格（Dagmar Haldenwanger）（左）和副驾驶员比尔吉特·萨默尔（Birgit Sommer）在空客 A320 驾驶舱内。

的人的不同而有所变化。如果机组人员很友善，飞越乌拉尔山脉也可以。"

哈登万格与一名来自不来梅的医生结了婚，她在休闲时间里喜欢用音乐来放松。她组织私人演唱会，或从柜子中拿出横笛来演奏——这种乐器适合放在飞机上。像她大部分的女同事一样，她很轻松地从事她那具有"异国情调"的工作，也丝毫不在意路人和乘客是否会在她上班路上饶有兴趣地打量她。"在不来梅，我用不着私家车，我总是坐城市轻轨去机场，"她说，"你很快就会适应人们好奇的目光。"

和她的同事一样，比尔吉特·萨默尔对关于女飞行员的冗长讨论不以为然。"我们做着普通的工作，在各行各业都有出色的人和平庸的人。"她笑道，"性别不重要，业内我们几乎互相都认识。"她没有提到的是，由于女性飞行员数量很少，她们自然容易引人关注，也更容易

移居到不来梅的哈登万格（"住在市中心，用不上私家车"）出生在兰河河畔的魏尔堡。她高中毕业后，大学读了建筑专业，但并不喜欢。在寻找更有挑战性的职业的途中，在交通管制行业快速地转了一圈，后来她决定成为飞行员。在汉莎航空公司的不来梅飞行学校毕业后，她作为副驾驶员参加过各种飞行任务，现在是驻扎在慕尼黑机场的一名远程航班机长。

吸引乘客的目光。如果你混在去马略卡岛（Mallorca）度假的乘客中，坐在一架度假飞机的第 27 排，你会发现，当大家听见一名女机长的愉快问候时，他们的反应是

多么震惊。"女的！"你邻座的一名老太太惊呼。"希望我们不会遇到气流颠簸，"对面的男士说道。"女机长很罕见哟。"总而言之：即便是遇到狂风暴雨，女机长也必须得比她的男同事要更平稳地着陆，这关乎名誉。

乔安娜·福茨克（Johanna Foitzik）是少数跨行（自费飞行员）进入航空界的飞行员。这位精力充沛的年轻女孩曾在海洋交通运输业待了一段时间，紧接着又在巴西担任过空中乘务员。当时在飞机客舱里，她看着驾驶舱的门，想着："前头的人能做到的，我也能。"——然后她便开始在乘务员工作之余自费进行飞行员培训了。

从游轮到喷气式客机的驾驶舱

"飞行意味着遇见优秀且有趣的人。"

乔安娜·福茨克
（Johanna Foitzik），
加拿大支线飞机机长

乔安娜·福茨克出生于因河畔的克赖堡。她的职业生涯从脚踏实地的职业培训开始，之后在游轮上工作过，后来又去了巴西。回到德国后，她成了一名空中乘务员，也是在这时，她内心燃起了成为飞行员的渴望。在工作之余，她苦学理论知识，之后去美国积累飞行时长，最后成功应聘到一家商业航空公司，成了涡轮螺旋桨飞机的驾驶员。后来，她应聘到汉莎城际航空公司，在不到四年的时间内，她成了 CRJ 短程航班的机长。她育有两个女儿。

女性在驾驶舱内是异类吗？"在有些航空公司和有些国家肯定是这样的，"福茨克点了点头，"我所在的第一家公司也是，相当不容易。"在如今的工作环境中，她的看法有所不同："我们的驾驶舱里有许多女性，其中有一些还兼职培训教员。她们为我们铺平了道路，这份工作在今天看来不仅完全正常，而且也很让人放松。公司内部对女副驾驶员和女机长的接受度很高。"同她的大部分女同事一样，福茨克从小就痴迷于技术，尽管典型的男性爱好（如手工、电脑编程或骑摩托车）并不在她的业余爱好之列。福茨克所驾驶的机型——CRJ 飞机被视为客机中的赛车，它非常灵活。

"作为一名女性，只要你了解清楚这个职业的特殊性，你就会有很好的机会。"福茨克说，"排班表决定了你的私人生活。撒泼耍赖没用，每个人都有相同的机会，并且，无论男女，在你退休之前，都必须在每半年一次的考核中展示你自己尽可能稳定的成绩。"在当前的育儿假期之前，已经有两个孩子的福茨克参加了一次马拉松，并在南美洲享受了假期——"越原始越好"。关于她的工作，她认为："航班飞行是适合女性的，只要她满足必要的条件，并且协调好工作与家庭。"如果福茨克没有成为飞行员，她可能会做什么？"我很可能会读兽医学或者再次扬帆远航，"她若有所思地说道，"航海和飞行的魅力相似，只不过航海更慢些。灵魂必须要跟得上时间。"

"作为一名女性，你在驾驶舱内通常不会遇到任何问题。"克里斯蒂娜·艾辛格（Christina Eichinger）说，"你只需要保持真诚。"这名拥有上千小时飞行经历的年轻女性热爱她的工作。每周，同事不同，去的国家也不同："你变得更加国际化、更加宽容，你会跳出思维的条条框框去思考，并意识到不仅仅是飞行员的生活丰富多彩。"她非常喜欢开普敦，因为那里的人友好、气候适宜、自然风光优美。业余时间里，她喜欢运动，喜欢去水边。她还喜欢做瑜伽、参加音乐会、听音乐和参加社会义工活动。说到所经历的一次很棒的飞行体验，她说："有一次，我们看到一枚火箭在俄罗斯领空被发射到国际空间站，还看到火箭各级间是如何分离的——起初我们根本不明白，为什么我们必须得在空中盘旋等待降落指令。"艾辛格的下一个目标已经近在咫尺：四道杠。

最喜欢的目的地：开普敦

"女飞行员应当保持真诚。"

克里斯蒂娜·艾辛格
（Christina Eichinger），
空客 A330/340/350
的高级副驾驶员。

克里斯蒂娜·艾辛格出生于帕绍市（Passau），在她现在居住的兰茨胡特镇长大。在她18岁那年，她的母亲在报纸上看到了汉莎航空公司的招聘信息。高中毕业之后，艾辛格以一名乘务员的身份踏入这一行，之后她成了波音737的副驾驶员。多年来，她一直飞从慕尼黑出发的远程航班。

安塔利亚机场，飞机从南部进场。该机场是度假旅客热衷的目的地。

货舱门打开：一架空客 A330-300
正在装载货物。

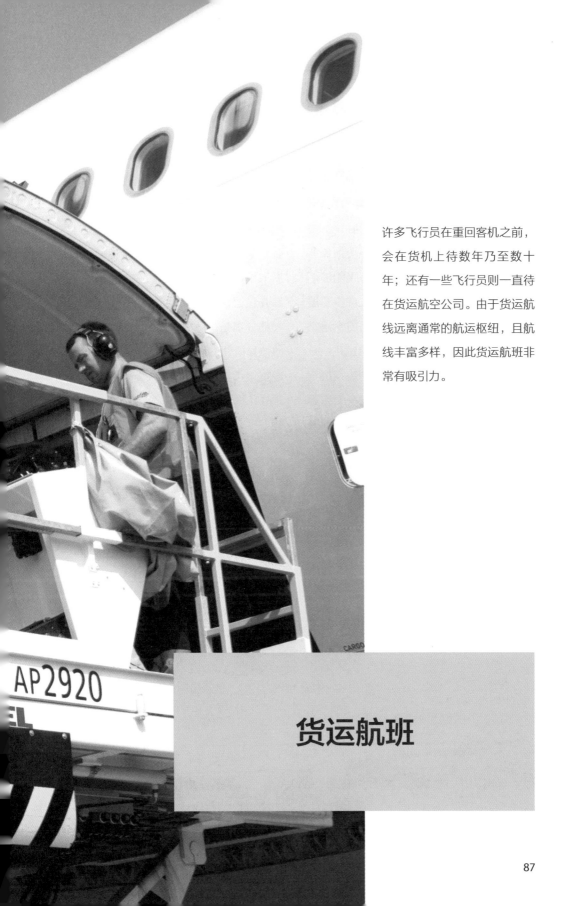

许多飞行员在重回客机之前，会在货机上待数年乃至数十年；还有一些飞行员则一直待在货运航空公司。由于货运航线远离通常的航运枢纽，且航线丰富多样，因此货运航班非常有吸引力。

货运航班

货运飞机在新闻报道中出现的频率和货运列车一样低；它没有什么魅力光环。"这样更好。"空客飞机机长克利福德·史密斯（Clifford Smith）说。他在美国孟菲斯市，如今60岁出头。他很高兴能够不受干扰地环游世界，就像他过去在空军服役时一样。"无论你是开战斗机的，还是负责早上把三箱货物从田纳西州运往匹兹堡，都无所谓：你的才能和你的决策决定了行动的方向。"他如今驾驶着一架空客A310，非常适合他这名美国人。"我的第一个法国搭档，"他狡黠一笑，"超棒的飞行性能、舒适的航线——让我们这样的老军事飞行员很喜欢。"

史密斯的雇主——联邦快递（Federal Express）的总部在孟菲斯市。在孟菲斯国际机场，白色的喷气式飞机排着长长的队等着进入起飞跑道；这里的货运航线所雇用的飞行员比世界上某些地方的某些大型航空公司还要多。"我弟弟弗雷德也在这里工作，"他高兴地说道，"他以前在空军驾驶过运输机。"联邦快递的喷气式飞机大部分都是由客机改造而来的。"在德国的德累斯顿，许多空客飞机被拆解并改造成货运飞机。"他解释道。史密斯曾以狂风战斗机飞行员的身份在德国耶弗尔镇驻扎多年，因此对德国非常熟悉。她的女儿梅丽莎也在这里出生。

多次搬家后，史密斯和家人住在孟菲斯市靠近联邦快递总部的地方。高尔夫球场离机场非常近，以至于他甚至可以在待命时间内去打一场球——当然，行李箱早

翡翠货运航空公司（Jade Cargo）的巨型宽体货运飞机在前往起飞跑道。

就准备好了。年长的机长也经常要值班待命（史密斯在联邦快递公司有资历更深的同事），与其他航空公司一样，一切都要论资排辈。"我刚工作的时候，有时候会在机场值班待命好几天。"史密斯回忆道。"当时我住在得克萨斯州，但不得不远离我的家人，在孟菲斯市值班。"自从搬家之后，一切变得轻松了起来。"我的妻子乔安妮是护士，同样也要值班，我的儿子布莱恩是管制员，我的女儿梅丽莎是空军的飞行护士。"在美国，这样的飞行员家庭并不少见。

除了货舱不一样以外，货机就是配置了标准驾驶舱设备的普通喷气式飞机。飞行员从驾驶客机转到货机不会有任何的不适应，但航线和飞行时长会发生重大变化。此外，排班表也变得更稳定些。"这取决于货物，"前货运飞行员马库斯·库格尔曼（Markus Kugelmann）说，"如果货舱的货都装好了，我们就会关舱门、起飞。"没有乘客通知、也几乎没有任何喧嚣——但飞机和机组人员有时需要等待货物装载完毕。"在一家航空公司复杂的全球货运网络中，计划变更也是很正常的。"库格尔曼说道。这名法兰克福人在驾驶货机之前曾驾驶过支线客机，如今是空客A340的机长。"不规律的工作时间自有其魅力。当然，要让你的生活与普通人的生活同步是很难做到的——你必须要得到更多人的理解。"库格尔曼经常遇到的情况是：在快下班的时候被要求加班，或者在

从战斗机驾驶员到货机机长

"开飞机送货，其乐无穷。"

克利福德·史密斯，又称克里夫·史密斯（Clifford Smith），空客A310机长。

这名身材魁梧的前足球运动员来自密歇根州杰克逊市，早在少年时代，他便有机会爬上空军的飞行模拟机。没错，史密斯拥有教科书般完美的军事生涯，他拿到了硕士学位，通过了培训，在各种喷气式飞机上担任过飞行教员。此外，他还曾在英国、德国和萨尔瓦多执行过多项任务。在空军服役了20多年后，他加入了一家小型航空公司——迈阿密航空公司，担任副驾驶员，负责驾驶波音727。他以第二副驾驶员（飞行工程师）的身份从那里应聘去了联邦快递公司，并且从DC-10的观察员干起，一路升到了空客A300/A310。他先是以副驾驶员的身份驾驶远程飞机，自2007年起一直担任机长。

某地额外再过一夜。

库格尔曼为能驾驶最后一架三发动机喷气式飞机感到很自豪。麦克唐纳·道格拉斯公司MD-11机型是一个飞行传奇，但作为流行机型DC-10的继任者，它的客机之路并不成功，后来它被整体改装成了货机。这架飞机的特点是具有巨大、安静、带有大窗户的驾驶舱（昵称：温室）和运动型的飞行性能。而后者有其代价——较大的翼载荷（飞行重量与机翼面积的比值），这导致它的进场速度较大，突破了起飞和着陆跑道长度的限制。

航海、工程学、飞行学校、地勤工作和飞行员

"不知何时你就坐在驾驶舱里了。"

马库斯·库格尔曼（Markus Kugelmann），拥有货运经验的空客 A340 的副驾驶员

库格尔曼是土生土长的威斯巴登人，少年时期经常在父亲不得不再次出差的时候，偷偷地绕过法兰克福机场的围栏，他说："这里的国际氛围和各种各样的飞机让我着迷，我想成为这里的一员。"早年间，他在海军服役，驾驶戈尔奇·福克号大型帆船出海，后来他去了汉莎航空飞行学校。在此期间，他同时在不来梅应用科技大学学习并获得了学位。在完成飞行训练后的等待期内，这个学位帮他找到了一份制造空客 A400M 军用运输机的工作。之后，他又成功应聘到一家奥地利的航空公司。在加入汉莎航空公司之前，他曾在瑞士和法兰克福的一家大型软件和航空图表制作公司工作。

"在内罗毕或约翰内斯堡等地势较高、气候温暖的机场，你可以以 180 节（333 千米每小时）的速度让如此重载荷的飞机进场，"库格尔曼解释道，"这个速度比其他的大型喷气式飞机快约 90 千米每小时，"只有 F-104 战斗机和神秘的 SR-71 机型具备更高的进场速度。它们两者都是洛克希德·马丁公司制造的机型。汉莎货运航空公司的 MD-11 机型可达到的最大重量令人印象深刻。"起飞重量达 286 吨，着陆重量达 223 吨，"库格尔曼一一罗列道，"不过只有一款机型有这么大的着陆重量，

其他的机型在着陆时最多有 200 吨。"额外的 23 吨可以转换为燃油或货物重量。

这些数字只展示了货运飞行的一面，马库斯·库格尔曼很享受遥远的旅程。"坐在货机上你会看到完全不同的地方，"他回忆道，"阿根廷、巴西、委内瑞拉、美国、加拿大、俄罗斯、中国、日本或肯尼亚——名单很长很长。"

他的同事克利福德·史密斯和他持有类似的见解。"即便我只是运送集装箱，"他笑着说，"我也常常在全球各地来回飞。前几天我从芝加哥的西航线离开，十天后又到达西航线！谁能想到，这份工作这么棒，而且收入还相当丰厚呢？"

马库斯·库格尔曼解释了为什么航段平均"只"有 7 小时。"对货机而言，货物比燃油更重要，因此货机经常要停下来加油。在每个机场，货机都要等待货物集结，直到货物总量加起来值得运输为止。这个过程需要耗费两到三天。与客机相比，我们有长达两周的时间在天上，并且会走遍不同的目的地。"货运飞行员按月度飞行时间表执行飞行任务，和"海运航程"一样，时间表被细分为不同的巡回航程。每个巡回航程都以航空公司基地开始和结束，尽管飞行员有时会以乘客的身份乘坐普通客机出发或抵达。在一个巡回航程中，货机会飞行多个航段。"四个航段是常有的事，"马库斯·库格尔曼说，"但也有像法兰克福—圣保罗—劳德代尔堡—卑尔根—洛佩兹/巴拉圭—阿姆斯特丹—

2018 年夏天，全世界只有 8 架道格拉斯 DC-8 作为货机、政府飞机或美国国家航空航天局测试飞机在飞行。

法兰克福这样的享受之旅。"

马库斯·库格尔曼住在慕尼黑附近，因为货运工作在慕尼黑和法兰克福之间"来回穿梭"。"没问题，"他摆摆手说，"航程很长，中间有足够的自由活动时间。"这名威斯巴登人已经习惯了巴伐利亚的生活。他喜欢与山为伴，有时候也会在湖上驾驶帆船。手握舵柄会让他回忆起曾经在帆船"戈尔奇·福克号"上服役的海军时光，那是梦开始的地方。库格尔曼非常满意能坐在远程飞机驾驶舱的右座。因为满世界飞行的次数如此之多，他希望自己的假期"最好在巴尔干半岛或在加尔达湖的帆船上"度过。依然单身的库格尔曼特别喜欢飞行带来的挑战，"你必须时刻保持灵活、随时准备适应新的人和事"，你需要"靠自己的双手工作，经常以闪电般的速度思考，并作为团队成员做出可能关乎生死的决策"。他几乎没有时间来心情不好。"有时候我们的货舱充满了乡村气息，"库格尔曼狡黠一笑，"我们从多伦多运送 300 头种猪到法兰克福，我们的机舱闻起来就像猪圈。"货运航空会遇到各式各样的货物，从跑车到化学物品，无奇不有。有时候也会有随行人员，例如负责种马繁育的动物饲养员。"其中一个已经拥有飞行常客身份了，"库格尔曼笑道，"这世界上还有很多母马等着呢。"

越来越少见的货机机型——道格拉斯 DC-8。

欧洲空域是全世界最繁忙的飞行空域之一。在这里，一架奥地利航空公司新引进的波音 777 正与奥地利军队的欧洲战斗机一起前往位于维也纳的新基地。

任何飞行后在不同国家入境的飞行员，都不希望自己是不受欢迎的外国人。许多在德国航空公司工作的"移民"飞行员和在国外飞行的飞行员也是如此。

国际化的驾驶舱

乘客已经渐渐习惯了女性飞行员驾驶客机。那其他国家的飞行员呢？当乘客听到驾驶舱内传来异域口音的广播时，他们会有怎样的感受？

德国的航空公司里工作着各种国籍的乘务员和飞行员。无论飞行员来自何方，他们都需要像德国同事一样，获得同样的驾驶员执照。他们中有些人住在德国境内。有些人以自费飞行员的身份加入航空公司，然后一路升职到副驾驶员，或是走飞行学员的正常职业路线。不久之后，每个人都融入了公司环境，并像其他人一样做着自己的本职工作。但他们保留了一丝异域风情：有些从驾驶舱传来的广播让乘客恍若置身瑞士高山牧场、英国俱乐部或

斗牛场。

目前世界上只有几个主要航空国家。如果你希望在遥远的异国寻求一份飞行员工作，就应当熟知美国或英国的风俗习惯和工作流程，并拥有相应的驾驶员执照。如果你拥有美国的驾驶员执照，可以尝试申请沙特阿拉伯的工作。美国联邦航空管理局（FAA）在许多国家设有办事处，就像在其他国家的大使馆一样。它在东道国使用自己的检查员来检查其法规的遵守情况，例如检查员负责给在美国注册的飞机提供维修保养的飞机制造厂存储备件。

要想得到一份国外的飞行员工作并不容易，除了要具有相应的驾驶员执照，大部分航空公司也要求飞行员达到一定的语言水平。在法国或西班牙，航空语言当然是各自的母语，但很多国家"只"规定了英语作为无线电通信语言。而在许多航空公司内部，大家互相说着本国的语言。几乎所有在斯堪的纳维亚地区或荷兰申请飞行员职位的人都不得不参加相应的语言课程，虽然从起飞到着陆整个阶段，飞行员按照规定只用航空英语交流。

罗曼·蒂森（Roman Thissen）以德国籍副驾驶员的身份在法国航空公司工作。"雇主不错，"他称赞道，"我们可以在职业生涯中了解各类机型，薪水也不错，我

航线飞行员的副业：汉莎航空公司的副驾驶员马丁·瓦尔蒂（Martin Wälti）在一次空战演习中驾驶瑞士 F-5 战斗机。

们几乎不用担心未来。"前些年，这样的情况对所有欧洲的航空公司都还是理所当然的事，但近年来，事情发生了变化，有些航空公司不再招聘外籍飞行员了。

"我在少年时期读了很多航空方面的书，"罗曼·蒂森说道，"其中有很多飞行先驱者、战斗机飞行员和试飞员的故事。"在法国的时候，他曾住在机场附近，并在青少年时期就拿到了私人飞行驾驶员执照。从一家公立的飞行学校毕业后，他加入了法国航空公司。"我当时是在图卢兹市接受的理论培训，"蒂森热情洋溢地介绍，"这座城市特别棒，大学生很多！"在那里，一名飞行教员负责两到三名飞行学员。他们之间产生了友谊，"因为我们

在法国上空自由飞行

"飞机始终让我着迷。"

罗曼·蒂森（Roman Thissen），法国航空公司波音787高级副驾驶员

他出生于1982年，人生一半的时光在法国度过。他的父亲是亚琛的一名兽医。高中毕业后，蒂森通过了法国航空公司严苛的选拔程序，如今是波音787的副驾驶员。

空客A320的机长大卫·文加达萨拉姆（David Vengadasalam）总是心情愉悦，他的父亲是带有南印度血统的马来西亚人，他的母亲来自德国。

空客飞机驾驶舱内没有这样的风景，这是在瑞士空军的一架 F-5 战斗机驾驶舱内由马丁·瓦尔蒂（Martin Wälti）拍摄的。

共同探索了新领域。"培训内容还包括驾驶特技飞机飞行 10 小时。培训的一大亮点是分几个阶段围绕科西嘉岛飞行。在返程途中，蒂森被允许驾驶小型训练机在马赛的大型喷气式飞机中间做触地起飞的动作。"我们还与同一位飞行教员一起经西班牙飞往马略卡岛，"他回忆道，"真是美好的时光啊。"

德国人在法国驾驶舱内算不算异类？说到这个蒂森大笑，说："我半生都在法国生活，我们公司也有许多外国人，有来自丹麦、瑞典和比利时的。但在公司 4000 名飞行员中，我作为外国人显得并不那么默默无闻，这也算是一个优势吧。"驾驶舱的实际工作与其他国家几乎没有什么

不同。这里也是如此，飞行员每年也要接受四次模拟器考核，要有欧洲飞行驾驶员执照。这里有统一的流程和机型，除了公司名称不同外，其结构与其他国家的飞机完全相同。蒂森最初担任过空客 A320 的副驾驶员，随后在法属瓜德罗普岛驻扎了两年。

"我们驾驶两架飞机在迈阿密和法兰西堡之间交替往返。"他回忆道。在此期间，他成了法国航空公司第一批波音 787 的副驾驶员，这让他感到欣喜不已。预计不用多久，他便会晋升为机长——也许首先是空客 A320 的机长。"在法国航空公司飞机的驾驶舱内，我们自然用法语交流，"他提到，"这有时候会很奇怪，因为在法

国制造的飞机内，驾驶舱的显示和标识语言是英语，而我们的手册早就被译成了法语。"

蒂森对他的职业选择感到很满意。"可惜我还是太年轻了，"他感叹着，"我不能驾驶协和式飞机或者波音 747 客机了，因为这样的机型已经很久没有出现过了。"

瑞士人马丁·瓦尔蒂（Martin Wälti）是汉莎航空公司的副驾驶员，他有着和蒂森相似的经历。他也是驾驶空客飞机的外籍飞行员，但是他主飞德国境内航班。早在少年时代，瓦尔蒂就和飞行有了联系。"17 岁那年我就开始驾驶滑翔机了，"他说，"之后我申请了飞行员预备培训，这是一个选拔未来民用和军事飞行员的项目。"瓦尔蒂后来去了瑞士空军，在那里，他成了鹰式教练机（BAE HAWK）的候补飞行员。"我接受过诺斯罗普（Northrop）F-5F 战斗机的雷达和导航操作员培训，并在空战演练中飞行了几年。"除了普通职业外还要从事军队的预备役工作——这对德国人而言颇为奇特，但对瑞士人来说再正常不过了。瓦尔蒂同时还在瑞士航空公司工作，在完成培训后，他成了空客 A320 的航线飞行员。"短程航班、夜间在欧洲各地停留，"瓦尔蒂回忆道，"进入这个对外行人来说有点疯狂的世界，我至今都很庆幸。"

在 2003 年初，他幸运地应聘到了汉莎航空公司，驾驶中程空客 A300-600 和

从瑞士的战斗机到德国的民航驾驶舱

"飞机始终让我着迷。"

马丁·瓦尔蒂（Martin Wälti），空客 A330/340 高级副驾驶员

马丁·瓦尔蒂出生于利斯塔尔市（瑞士巴塞尔州的首府），曾驾驶过滑翔机，担任过瑞士空军的预备役飞行员，并完成了当年瑞士航空公司的航线飞行员的培训。之后他加入了汉莎航空公司，曾以法兰克福为基地主飞，后来又改飞慕尼黑。

A310。"我也经受了从瑞士文化向德国文化的转变，"瓦尔蒂微笑着承认道，"只不过这两种转变我没有遭受任何损失。"瓦尔蒂驾驶空客 A340，驻扎在慕尼黑，也有其他瑞士人在那里工作。一些同事像他一样拥有空军服役经历，其中包括以德语和法语为母语的同事。当聊起"机载雷达干扰器"（用于电子战的飞行系统）或国内防空系统时，他们可以尽情交流。在他的家乡瑞士，瓦尔蒂长期担任 F-5F 战斗机和皮拉图斯 PC9 的操作员，他很好地协调了这些工作与汉莎航空公司的副驾驶员工作。今天他还在驾驶空客 A340 飞往洛杉矶，而几天后他就驾驶着空军战斗机飞越瑞士的阿尔卑斯山区了。"群山的剪影美得难以形容，"瓦尔蒂说，"驾驶战斗机的压力很大，但这壮美的景色已经足以弥

锦上添花：2018 年春季，从中国香港飞往奥地利首都维也纳新总部的途中，全新涂装的波音 777 OE-LPF 以最新的外观和周年纪念字符纪念奥地利航空公司成立 60 周年。

补了。"

瓦尔蒂依旧在瑞士生活，对于把爱好变成职业，他感到非常高兴。当他和同事（其中有越来越多来自奥地利、意大利、瑞士或南美的同事）一起等着护照检查时，总会发生一些趣事。"德国人来了"，排在他后头的另一家航空公司的飞行员喊道。这时，瓦尔蒂回头冲他咧嘴一笑，挥舞着他的瑞士护照。"作为一名飞行员，你总是在某个地方作客。"他说。大概飞行员都像"天外来客"一样吧。

传统的奥地利航空公司（AUA）如今归属于汉莎航空公司旗下，但在制服、飞机涂装等很多方面都保留了典型的 AUA 特点。"我当时选择了 AUA，因为我就是奥地利人。"机长莱恩拜斯（Lernbeiss）说。除此之外，好奇心也是原因之一："我们的航线向来以创新著称，还有，我们即便在艰难的环境下也能运营——无论是天气恶劣还是目的地处于政治风险之中。"经过了严格的培训，莱恩拜斯在新的工作岗位上感觉非常自在。"氛围刚好，"他开心地说，"大家在专业上互相合作，在情感上和公司紧密相连。"

专业和情感

"飞行扩宽了视野。"

莱因哈德·莱恩拜斯博士（Dr. Reinhard Lernbeiss），奥地利航空的波音 777 机队的技术型飞行员

这名出生于林茨市的机械工程师主业为民用客机飞行员。几十年来他一直兼职研发工作，并为公司和协会提供咨询。自 1988 年加入奥地利航空以来，他通过自己的努力成了飞行教员和远程航班的机长。已婚的他育有两子。

2018 年，当一架刚刚修复的波音 777 被接管并从中国香港飞往奥地利维也纳时，莱恩拜斯享受了一次特殊的体验。"我们与奥地利军队的战斗机一起组织了一场'拦截行动'以示欢迎。"他说，"我们的新式波音 777 在家乡维也纳受到了相当隆重的欢迎，并有专人从军用萨博喷气式战斗机上给它拍照。"这场联合行动对奥地利军队、奥地利航空公司和空中交通管制部门提出了相当高的要求——不仅安排错综复杂，而且受制于天气状况，还要调度三个机场。"合作非常完美。"莱恩拜斯高兴地说。他在本场活动中负责驾驶波音 777。

当我们请他以一句话概括为何对航空如此热爱时，这名工程师兼飞行员陷入了沉思。"我要再去读一下安托万·德·圣-埃克苏佩里⊖或欧内斯特·K. 江恩⊜的书，"他笑道，"到底是出于开拓视野、喜欢空间运动的缘故，还是出于对技术的掌控感，又或是能跨越国界和许多人交流……我不知道。也许飞行根本不需要理由。我就是喜欢挑战，喜欢每天探索新事物。"

⊖ 安托万·德·圣-埃克苏佩里（Antoine de Saint-Exupéry），法国作家和飞行家，著有《小王子》。　——译者注
⊜ 欧内斯特·K. 江恩（Ernest K. Gann），美国飞行员、作家和电影编剧，代表作品有电影《壮志凌云》。　——译者注

着陆前的一刻。空客 A340-600 即将降落于芝加哥机场的 10 号着陆跑道。

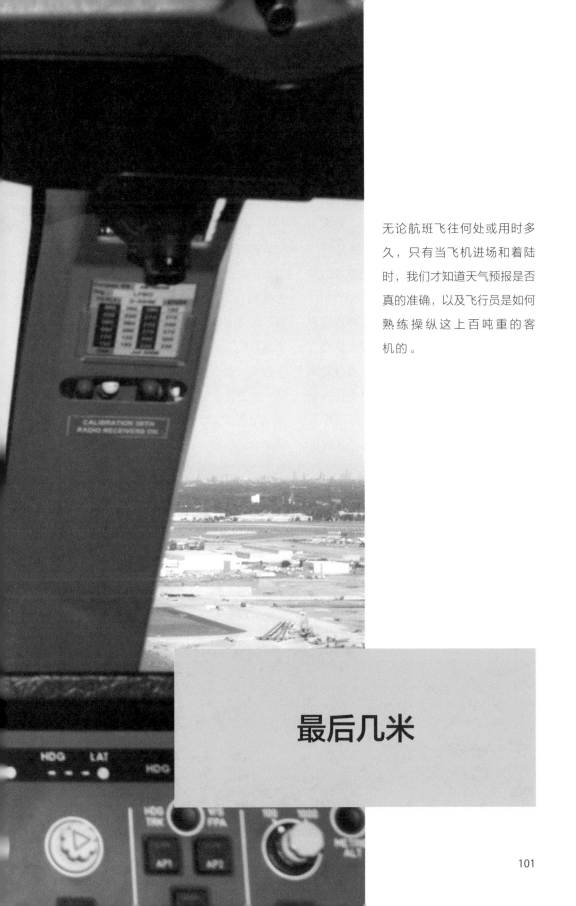

无论航班飞往何处或用时多久，只有当飞机进场和着陆时，我们才知道天气预报是否真的准确，以及飞行员是如何熟练操纵这上百吨重的客机的。

最后几米

无论是轻盈的单发动机飞机还是笨重的航班飞机,通常都是手动操纵降落的。在降落于沥青跑道前的最后几米,要求飞行员具有极为敏锐的感知和反应能力。

"50(Fifty)!"计算机发出急促的提示音。还有50英尺,也就是离地面约15米——我透过地毯上的观察孔入神地盯着越来越近的地面。透过空荡荡的波音737-300客舱中部的某个小窗户,我可以看到所有的机轮都被锁上了。后面只有我一个人。这是一次对未来副驾驶员的训练飞行。我们在炎热的迪拜上空盘旋,这时正好轮到了我的同事,他驾驶飞机盘旋了一圈又一圈。而我可以休息一下。

轰隆!飞机就位了。发动机轰鸣了起来,下一个轮到我了。我走进驾驶舱,配平轮已经在向后旋转着,发出像祖母的缝纫机一样嗒嗒的响声。在与着陆跑道平行的反向进场中,我驾驶着一架没有乘客的客机。之前,我只在模拟器内练习过,而这次则是真枪实弹。襟翼、起落架、襟翼、转弯着陆:热气流像裹挟一架单发动机塞斯纳飞机一样裹住了这架客机,速度失控。那么,油门杆(节流阀)松开一些,然后放全襟翼。"40%的力,"我的教练克里斯蒂安嘟哝着,"至少。"发动机要达到合适的转速,飞机才有足够的推力复飞。飞机还是飞得太快了,速度没有如愿降下来。我顿时汗流浃背——飞机应当保持3°的下降角,维持目标速度,并保持

加那利岛上夜间跑道的照明。因为照片是从地面拍摄的,所以跑道左右两侧的目视进近坡度灯光系统显示为四个红灯(代表"飞行高度太低")。

在波士顿机场着陆之前：此时，飞机的航速、下降率和下滑道必须设置正确。

每分钟不超过 1000 英尺（约 300 米每分钟）的下降率。接下来，是时候在距跑道入口 300 米处准备着陆了。现在让机头保持水平，跑道越来越近了。"50（Fifty）！"计算机发出提示音，听上去似乎在嘲讽我。在离地 20 英尺（约 6 米）的上空，我向后拉油门杆。太早了：这架客机平飘在跑道上空，然后轻轻触地，但触地时机晚了许多。"作弊了哟。"机长咧嘴一笑，推了推油门杆，让我准备下一轮。

17 年后，我又在机场遇到了我当年的副驾驶员同事，他现在已是机长。我们回忆起当年在沙漠上方的嗡嗡气流中绕着机场盘旋的日子。"在飞机着陆上，技术并没有多少变化，"他认为，"如果不是雾天，自动驾驶仪也开着，你还是会看着仪表盘，然后靠经验拉动操纵杆。"的确如

此，虽然我们有数字化驾驶舱和电传操纵系统，但飞行员依然还是像莱克兄弟时代一样手动操纵降落。和 100 年前一样，航线、航速和下降率才是最重要的。乘客期待平稳的着陆，飞行员也想要更安全、技术上更利落地着陆。但内行人知道：这两者不一定一样。

"着陆，是一种手动操纵技术，也是一种感觉。"另一名同事笃定地说，"飞机越重，着陆越容易成功。"的确，每名新手都会为这样的对比试验感到讶异：如果飞行员着陆时操纵不慎，一架几乎不载客的 200 吨重的波音 747 客机会如一片秋叶飘落在跑道上。在飞机重量很大的情况下，最后进近阶段的下降率尤为重要。这一点对重型飞机的影响尤为明显。如果你想让一架笨重的波音 747 飞机迅速地平坠

103

以 180 节（333 千米每小时）的速度转弯。大型空客 A340 正在为降落芝加哥机场的 10 号跑道而进行最后的进场准备。

落地，那你就准备好迎接结结实实的"停车（发动机停止工作）"吧。因此，在最后进场时最多只能以每分钟 1000 英尺（约 300 米）的下降率飞行，这样就不会出现类似的操纵问题。另外，飞机必须在离地 1000 英尺（约 300 米）处"建立"稳定的进近姿态：着陆航线和下滑道要保持精准，襟翼状态和航速要设置正确。

新手飞行员需要知道的是：平稳的着陆不是巧合，而是稳定地最后进近的结果。几乎所有的飞行员都经历过要么太早、要么太晚、要么不充分的着陆。飞行教员试着让飞行学员改掉通常的错误做法：让他们用机轮"感受"跑道，以稍快的速度实现软着陆，在遇到短跑道时飞行到下滑道下方，以弥补几米的着陆空间。

否则，平稳顺利地着陆只能是纸上谈兵而已。

飞行员如何获得正确的几何视图，又如何判断该在何时拉操纵杆呢？如果我们把着陆过程拆解开来，便会发现，它是由持续不断的观察和反应构成的。学界将人机团队描述为"反馈控制系统"。这听上去仿佛是适用核电站的理论，但它实际描述的是"飞行"过程。在飞行控制系统中，飞行员不断地比较飞行的应然和实然状态。我的同事约尔根还记得，他还是新手的时候，曾像"一只雪貂"一样紧张地盯着各种仪表。在训练中，他学到了如何正确地解读仪表的指针偏转。当数值偏离正常值时会引起注意：在肌肉一系列操作之后，理想的飞行状态得以恢复。这样的监控和校正称之为"飞行",就好像飞行员的肌肉直接和方向舵绑在了一起。但飞行控制系统也有它技术和人力上的局限性,例如飞行员的感知能力在承受压力的情况下会下降,就像任何普通人一样。

"经验和目测值非常重要,"我的同事克里斯蒂安思索着说道,"例如,3°下滑角。"这个进近角的标准值可以说深深地印在飞行员的脑海里。经历了成千上万次进近飞行后,每名飞行员都把跑道和地平线的几何视角刻在了记忆中。人毕竟是习惯性的动物。

经验带来了期望,飞行员的脑海里有一个标准跑道:约 2.5 千米长,45 米宽,地形平坦,有标准照明,可以仪表进近,同时有轻微的逆风。跑道实际上也经常是这样的,特别是晚上,所以莱比锡机场看上去和斯图加特机场一样,不来梅机场看

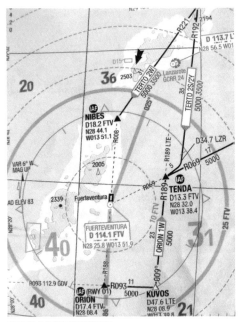

富埃特文图拉机场进近图。

副驾驶员奥利弗·舒尔茨在进场前发布乘客广播。

上去就像帕德博恩机场。但是也有条件比较苛刻的机场。前假日航班的飞行员奥利弗·舒尔茨(Oliver Schulze)皱着眉头说:"那不勒斯机场就是这样。进场的第一部分就要飞越一个高地,所以我们总是很晚才降落。"没错,地形是个重要因素:如果在那不勒斯这样的机场,你绝不能迷失在浓雾中,否则第二天你就会登上《晚邮报》[一]。另外,这个机场位于维苏威火山附近,虽然它并不是不安全,但它不符合飞行员对理想机场的想象。由于障碍物的存在,飞机得到准许下降的许可要用时更久,然后才开始真正的着陆过程:依照从地面发射的无线电信号的指引,飞机的下滑角要比平时的下滑角更大,为 3.3°,跑

[一] 《晚邮报》,Corriere della Sera,意大利著名的全国发行的日报。 ——译者注

圣托里尼假日机场。跑道短而窄，机场四周障碍重重。

道上的目视进近下滑道指示器显示了相同的倾斜角，以便一架重型飞机可以迅速地在意大利着陆。跑道入口向后移了190米（否则将是个很好的俯冲拉起的参考点）。"这不成问题，"舒尔茨说，"但是紧接着

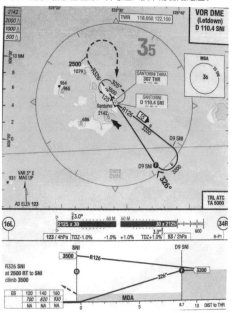

圣托里尼机场的进近图。转弯进入狭窄的着陆跑道。

跑道又突然变得相当陡峭。"如果飞行员在着陆前没有及时拉操纵杆，便会轰的一声撞上去；但如果拉操纵杆过早，飞机将永远在沥青跑道上空滑翔，从而错过预定的着陆地点，飞机也不得不复飞。同样具备不同寻常的进近光学条件的机场还有希腊克里特岛的伊拉克利翁机场。该机场位于海拔约25米的海边悬崖上。

此处的进近角度也是3.3°，但目视进近下滑道指示器显示的是具有欺骗性的3°。古老的甚高频全向信标（VOR）在测向方面和仪表着陆系统不同，它不会显示精确的航线和下滑道。飞机降落的时候先要稍微上坡，经过一处小山丘后再下坡。风会在着陆前形成涡流。在欧洲，对着陆要求格外苛刻的机场还有伦敦城市机场（5.5°的下滑角）和因斯布鲁克机场（下滑角达6.7°）——只有少数获准的客机和机组人员可以在这里降落。

"圣托里尼岛总是很擅长制造视错觉，"副驾驶员安雅·施密特（Anja Schmidt）说，"这里的跑道是 30 米宽，而不是 45 米，在短短两千米的距离内跑道会急剧变陡。由于有障碍物，我们不能直接降落，只能从一个非常短的跑道末端目视着陆。"狭窄的跑道不仅会带来陌生的视角，还会混淆飞行员对高度的感觉。在飞行员的大脑里，特定的飞行高度对应着跑道的特定长度和宽度，标准值（见前文）已经刻在脑海里了。所以在圣托里尼机场，飞行员会认为自己的进近高度要更高些——一不留神，操纵杆拉得太晚，飞机就会重重地摔到地上。只有研读地图和优质的飞行简报才能解决这个问题。除此之外，飞行员应当利用一切能够帮助判断跑道距离的标识。在下滑角为 3° 前提下，着陆点前 10 英里（约 16 千米）对应约 3000 英尺（约 914 米）的高度，然后每英里（约 1.6 千米）下降约 300 英尺（约 91 米）。不幸的是，无线电信标往往不在它应该在的位置，也就是说，它并不直接在机场。"这种情况下，我们就只能使用别的测距仪器了，例如使用来自 GPS 的距离显示来检验下滑角。"安雅·施密特说道。

平稳着陆没有万能灵药，但飞行手册上列出了很详细的建议。飞行员在驾驶轻型飞机时，要学会如何在侧风中让机翼"悬着"并在落地前抵舵。但如果滥用这个技巧，可能会损坏大型喷气式客机的发动机——比如机翼在"摆正"时刮到了

机长帕斯卡·克雷布斯（Pascal Krebs）驾驶一架巴西航空工业公司的 190 喷气式飞机。

地面。大型客机的方向舵要比小型飞机的性能更优越，大型客机的重量也更大。大型客机在侧风中可以斜飞进近，并以"蟹形"姿态降落，而不会冲出跑道。如果跑道潮湿，这样的着陆方式优势明显，但在

伊比利亚航空公司的短程空客飞机即将在慕尼黑机场着陆。

正常情况下，机头"笔直地对着跑道"。

着陆依赖的不全是感觉和经验。无线电高度表用于测量飞机距地面的真实高度。这样的仪表是飞机着陆系统的组成部分，可以作为机载仪表反复使用；尤其在雾天着陆时，飞行员使用自动驾驶仪时需要用到它。计算机语音会在落地前一直倒数距地面英尺数："1000（One thousand）"、"400（Four hundred）"等，最后则会以10英尺为单位倒数。早期的计算机语音听上去带着哭腔，如今已经被阳刚的、纯正的英式口音所替代。我喜欢英式口音，他的"One thousand"听起来如此洒脱。"你来决定，是否要在距地30、20或10英尺（1英尺=0.3048米）的高度开始拉升，"安雅·施密特认为"没有模式化的解决方案。"如果飞机下降得过快，计算机语音会以更快的语速提示高度，提示飞行员也许要更快或更坚决地拉升，而监控飞行员通常会不自觉地把脚抬起来。

如果遇到浓雾天气，手动驾驶行不通，自动驾驶仪就派上了用场：它使飞机自动着陆并滑行。自动驾驶仪开启时，副驾驶员负责监控飞行系统运行状态；机长决定是否在指定高度着陆或复飞。剩下的部分就交给自动驾驶仪来发挥作用了：自动驾驶仪计算、比较并感觉降落路径。飞行员会明白他自己对自动驾驶仪所模仿的这种"渐进式进近"的技巧掌握得多么娴熟。自动着陆大多要比手动着陆更平稳，但它只在特定的机场、依照规定

的程序、在装配了自动驾驶仪的机型上适用。例如，自动驾驶仪配备了自动油门控制，在着陆后会按照仪表着陆系统（ILS）给出的着陆航线在跑道上滑行——飞行员必须关闭自动驾驶仪，才能将飞机驶入停机坪。

着陆考验技术，也考验经验——每一

次着陆都是飞行员的名片。时隔多年，飞行员仍会记得一次硬着陆时乘客和同事不留情面的评论，比如"幸好飞机所有的部位都在围栏内""我们到了""还好我有护齿套"。

没有人是完美的，即便是老机长，偶尔也会"粗暴地"着陆。领导、教员、首席飞行员和年轻的新生代飞行员一样，统统逃不过这一劫。每次"轰隆"一声过后，驾驶舱内都笼罩着一片死寂。副驾驶员马库斯·库格尔曼（Markus Kugelmann）大笑道："这让人尴尬的沉默在全世界所有的飞机上都发生过。"

一架爱尔兰航空公司的空客飞机即将着陆。

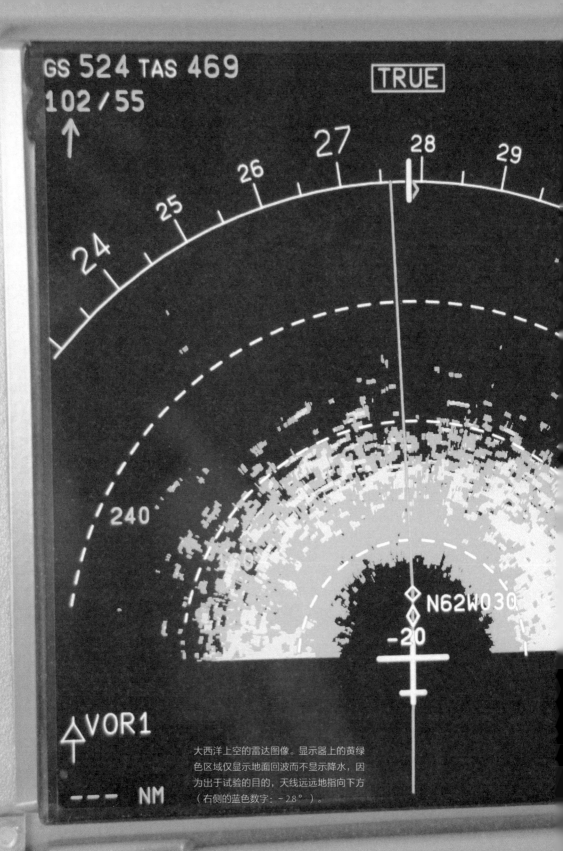

大西洋上空的雷达图像。显示器上的黄绿色区域仅显示地面回波而不显示降水，因为出于试验的目的，天线远远地指向下方（右侧的蓝色数字：−2.8°）。

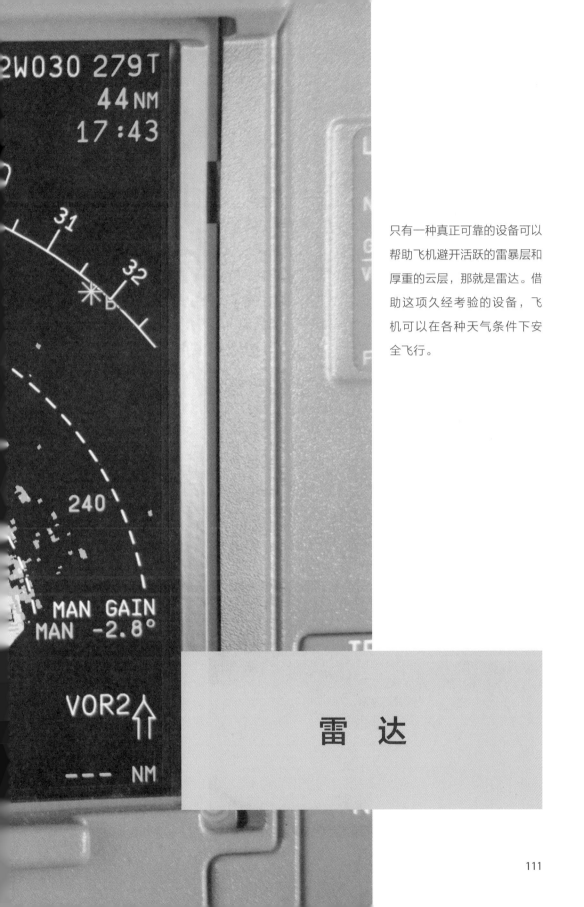

只有一种真正可靠的设备可以帮助飞机避开活跃的雷暴层和厚重的云层，那就是雷达。借助这项久经考验的设备，飞机可以在各种天气条件下安全飞行。

雷 达

我们的感官并不是为飞行而生的。在夜间和云层里，在没有仪表帮助的情况下，飞行员只能维持几秒钟的飞行姿态；没有技术辅助，飞行员很难正确估计与其他飞机之间的距离。我们看不见风，充其量只能感受到颠簸的气流。当雨雪阻碍视线、飞机被雷暴包围时，飞行最为艰难。因此，所有的客机都配备了许多安全技术

设施。其中一项最古老的设备便是雷达，它是利用电磁波探测目标的电子设备。雷达信号由正弦载波的矩形脉冲串组成，它们被水滴等物体反射，然后再次被捕获。根据回波的传播时间可以计算距离，由驾驶舱内的计算机生成雷达显示器图像。高频雷达波的极化分为垂直极化和水平极化，极化平面的变化会改变电磁波的探测

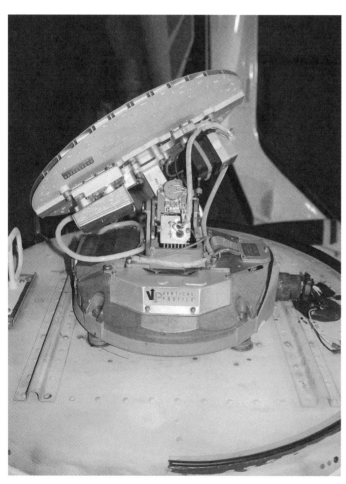

一架公务机的平板天线。

和显示。圆极化波可以很好地映射雨水。发射频率决定了雷达波束的穿透性,其中低频甚至可以穿透岩石和土壤。

克里斯蒂安·侯斯美尔(Christian Hülsmeyer,1881—1957)为雷达的发明做出了突出贡献,他来自不来梅南部的下萨克森州的艾德尔施泰特镇。年轻时,他曾亲眼看见威悉河上两艘船在雾中相撞。侯斯美尔当时喜欢钻研物理,也是一名准教师。但他放弃了教职,决心建造防止船舶碰撞的警告装置。早在1887年,海因里希·赫兹(Heinrich Hertz)就已经认识到某些物质可以通过或反射电磁波。侯斯美尔在轮船上检验了这个理论。他用一种新型收发器(他称之为"电动镜")在科隆的霍亨索伦桥上进行了实验。莱茵河上的轮船一进入收发器的范围,就会触发收发器的铃声——这是一种没有保护罩的雷达。1904年4月30日,该发明在德意志帝国专利局被注册,编号为165 546。侯斯美尔成了"借助电磁波向观测者报告远方的金属物体"这一方法的官方专利权人。他还获得了一项测距专利。后续的成功尝试接连不断,但当时的德意志帝国海军并没有意识到这项专利的重要意义,因此将其拒之门外。侯斯美尔和曼海姆电动镜公司惨遭商业滑铁卢,侯斯美尔因此不再参与后来的雷达研发热潮。

侯斯美尔的电动镜于1904年在英国获得了专利,之后罗伯特·沃森-瓦特爵士(Sir Robert Watson-Watt)将无线电波

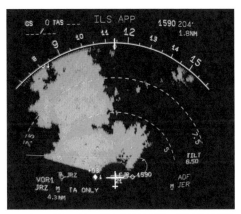

2005年11月18日,起飞前的赫雷斯-德拉弗龙特拉机场(XRY)跑道的雷达图像。东部方向出现了一些降雨回波。

束和测距的理念发扬光大。在德国,达姆斯特大学的汉斯·埃里希·霍尔曼博士(Dr. Hans E. Hollmann)于1927年发明了第一个厘米和分米波段的收发器。他给轮船设计的"无线电测量装置"于1934年秋天正式推出,其射程达10千米。1935年,德国的雷达装置已经可以探测将近30千米以内的飞机了。

第二次世界大战刺激了雷达技术的发展。英国建立了雷达链(Chain Home,CH)用于防空,它在空战期间做出了不可磨灭的贡献。德国则专注于建造大型、高性能的雷达,如"维尔茨堡"或"弗莱雅"。"维尔茨堡"雷达有3米长的抛物面天线,射程达35千米。早在1938年,空域预警设备"弗莱雅"雷达就已经可以在60千米的距离以及后来的120千米的距离处定位飞机了。

直到很久之后,德国Ju-88战斗机才装上了机载雷达(不过并非用于天气探

一架公务机上的雷达测试图像。根据降水强度的不同，天气回波呈现绿色、黄色、红色或紫色。

斯图加特机场附近雷暴的雷达图像。

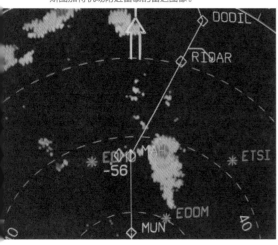

测）。一直到磁控管高频振荡器的发明，才使小型的、高性能的雷达设备成为现实。1942 年的"列支敦士登"雷达的工作波长达 2 米。装载它的飞机像戴着鹿角一样拖着巨大的天线前行，其空气阻力之大令人望而却步。

如今，雷达被安装在飞机流线型的机头上，重量和成本也被纳入了考量之中。民用机载雷达几乎专门用于探测恶劣天气，因为虽然我们可以在显示器上轻松地识别海岸、山脉或城市的轮廓，但无法识别天气。狭窄的雷达波束更多用来随机检测飞机的痕迹，而一旦检测到，飞机很快也就从显示器上消失了。机载雷达不

美国本迪克斯公司的雷达平板天线在飞机制造厂接受检查。

适合作为辅助手段来探测潜在的飞机相撞风险。如果飞行规则失效，甚至空中管制失灵了，飞机自有可靠的空中防撞系统（TCAS）来保护。对此本书下一部分将详细讲述。

雷达图像可以显示从零星阵雨到雷暴天气的降水情况。回波的强度取决于水滴的大小、成分和数量。雷暴含有大量雨水，因此它们的回波特别强。水所反射的雷达波束几乎是相同大小的冰粒的五倍之强。冰雹的回波最强，它的水膜让它看起来像巨大的水滴。

机载气象雷达由天线、收发器、控制面板和显示器组成。机载气象雷达的采购价约为 20000 美元（约 13 万人民币）及以上。因此，它们更适合装载于商用飞机。

数字化技术在雷达上也得到了应用，现在雷达装置上的一切都显得纤细精致。雷达前面装着一个小天线，用齿轮和支柱固定在基座上。雷达系统的核心，即发送接收单元，会产生如 9375 兆赫兹（对应 3.2 厘米的波长）这样的高频脉冲。信号每秒发射 400 次，每个脉冲只持续 2.5 微秒（1 微秒 = 百万分之一秒）。信号范围覆盖 150~300 海里（1 海里 =1852 米），飞行员还可以在雷达控制面板上更改探测区域。

在不来梅的一家飞机修理厂，技术主管诺伯特·冈克尔（Norbel Gunkel）向我们展示了公务机上的雷达天线。

飞行员也可以在雷达控制面板上选择不同的功能，例如开/关、天气/地图、天线倾角和探测区域。还可以选择多普勒雷达的操作模式，由此可以感知到飞机前方危险的风向变化（风切变）。现在，飞机机头下方典型"凹面镜"结构的雷达天线已经很少见了，大多使用平板天线或相控阵天线。它们能在水平 180°和垂直正负 15°的范围内发送和接收聚焦到 3°至 4°的信号（笔形波束）。雷达扫描飞机前方的一大片空域，就好比给一块面包"涂上"果酱。与抛物面天线相比，平板天线有多个波束辐射器。如果向它们馈送相移信号，平板天线则可以以电子的方式控制辐射方向。天线稳定器负责补偿飞机自身运动所带来的不稳定性：机载导航设备将飞行姿态的变化报告给雷达的发射接收计算机，该计算机通过伺服电动机跟踪天线。

我们可以想象雷达最大辐射波束（又称"主瓣"）的样子，但可能很多人没有听说过"旁瓣"。旁瓣是雷达波束自然地呈扇形辐射的结果，往往是我们所不希望看到的，甚至可以说是一种干扰。旁瓣会在显示器上显示虚假回声和杂波。抛物面天线往往容易出现旁瓣，而更现代化的相控阵天线则较少出现。相控阵雷达信号的叠加可以带来更清晰的画面和更高的容错率。

有时我们也需要扇形波束，例如用于近距离雷达导航（实践中几乎不再使用）。因为与普通的、高度集中的、锥形的笔形波束相比，扇形波束可以更好地探测地面轮廓。但在当今卫星导航的时代，这种雷达的应用范围越来越窄。

以前，绿色或橙色的雷达波束像刮水器一样在显示器上从左向右缓慢扫描；雷达回波则出现在"刮水器"之后。如今这种单色显示器已经绝迹，所有飞机都至少配备一个具有记忆功能的"彩色电视"（画面搜索可被存储，图像也可被即时处理）。但大多数情况下，雷达图像已经被集成到驾驶舱的大显示器上。这样做的优点在于，它还可以显示机场符号和着陆跑道，而且飞行员一眼就能看出雷暴在哪里。

但雷达也有其局限性：水滴形式的降水会被反射，而雾霾、云、雾和冰等"干燥"现象则不会。没有薄薄的水膜层的冰雹和晴空湍流一样也都是漏网之鱼，而其中气流颠簸正是让乘客感到恐惧的常见原因。雷达的探测范围也有限：由于地球曲率和波束传播条件的限制，雷

达最多能探测到大约300英里（482千米）远，而强降雨会进一步缩小雷达的探测范围。雷达也不能很好地描绘距离遥远的雷暴和雨区，因为狭窄的"笔形波

航空雷达专业术语

● 单色存储管式平面位置显示器（Monochromatic Storage Tube Plan Position Indicator）：用于老式飞机中的老式雷达。老式雷达名气大，技术过时，单色光束从左向右扫描，每次扫描后目标再次消失。

● 单色摄像管显示器（Monochromatic Video Tube Indicator）：同上条，但增加了记忆功能。图像"保持静止"或随着飞行方向缓慢移动，搜索画面会被存储，每次天线扫描时图像会被同步处理。

● 彩色摄像管显示器（Multichrome Video Tube Indicator）：视频带有记忆功能的"彩色电视"，在 GPS 和显示器被引入之前，它在"钟表店"式驾驶舱时代一度是明星产品。

● 电子飞行仪表系统显示器：最新标准的显示器，可以显示飞行路线、机场符号和天气雷达的图像。例如，在最后进近阶段，飞行员一眼就可以识别出前方是否有积雨云。

风雨欲来。斯图加特机场上空的积雨云。在雷达的帮助下，飞机可以安全经过这片区域。

117

肉眼可见的美丽云景：要安全绕过这些堆积的云层，我们并不总是需要依赖雷达。

束"的目标扫描区域过于狭小。例如，在30英里（约48米）的距离内，3°雷达波束需要10000英尺（足足3千米）的方位分辨能力才能正确描绘天气目标，而在80英里（128米）处，它需要26000英尺（约8千米）的方位分辨能力。

对飞行员而言，雷达是非常重要的辅助工具。可以说，几乎每一趟航班，都有令人印象深刻的回波在显示器上闪烁。雷达的运用已经融入了机组人员的血液，乃至他们可以毫不费力地根据雷达图像采取措施来绕开积雨云——当然，这个过

前就要避开恶劣天气也是安全飞行的一部分。雷达图像可以辅助飞行员评估飞行状况。起飞区域的天气如何，附近是否有可疑的云层？在绕着雄伟的白塔飞行时，附近还有什么障碍物？即使 20 英里（约 32 千米）以外的雷暴天气也可能造成危险的风切变，导致大型客机就像被一只巨手攥住摇晃，甚至可能被锤到地面，机毁人亡。基于此，雷达有一项附加功能，它可以监测飞机附近的这类天气现象，并通过计算机语音提示预警。

有些夏日会让起飞变成一场障碍滑雪赛：飞行员需要转弯绕过雷达回波，飞向航线和目的地。飞行尤其需要高度专注和默契的团队合作，因为飞机的直接爬升常常被繁忙的空中交通所阻碍，飞行员要严格按照绕行路线飞过雷暴区域。即便飞机身处高空，也总有厚重的云"锤"挡住去路。在夜间、飞机飞入云层或准备进近时，雷达会灵敏地探测最轻微的雷暴单元，这样我们可以免受许多惊吓。

想必雷达先驱侯斯美尔看到他的电动镜发展成了今天这般模样，也会惊讶万分吧。雷达让飞行变得更加安全，它已经成了当今航空不可或缺的一部分。如果雷达在地面测试时发现已经损坏，飞行员该如何应对？这种情况下，他们最常做的就是打电话给技术人员。如果雷达系统失灵，那么航班就会取消——就是这么简单。

程要始终和空中交通管制部门协调。飞行员可以和管制员进行无线电沟通，比如"我们请求左转 20° 以避开厚重的云层。"。

飞行员早在接受基本训练的时候就认识到，一定要避开危险的天气。在起飞

空域里飞满了"大型铁鸟"。空中交通越来越繁忙——飞行员必须时刻警醒地观察空域状况。

即使遵守了世界上所有的飞行规则，飞行员和管制员也必须始终精神饱满地工作，因为必须有可靠的、完全独立于地面的技术来应对最微小的碰撞风险。

空中防撞系统

起飞和着陆是关键阶段。一架客机有它的惯性质量。起飞时，飞机应以极快的速度离开一条狭窄的沥青跑道，飞向天空；降落时，飞机应尽可能平稳地降落在另一条沥青跑道——往往是在恶劣的天气条件下，并要经过许多障碍物和其他飞机。空中交通越来越繁忙，因为空中飞翔着越来越多的"大型铁鸟"。即使飞机身处很高的高空，分秒之间也可能发生戏剧性的情况。

2002年7月1日夜晚，发生了一起难以置信的灾难：在博登湖边的乌伯林根市附近，在天气良好的情况下，两架设备完好的飞机在欧洲空域中部相撞。俄罗斯巴士基尔航空公司的图-154M型客机与DHL快递公司的波音757货机均被撞毁。两架飞机共计71名乘客及机组人员（包括49名儿童）全部遇难。

两架飞机都配备了空中防撞系统（Traffic Collision Avoidance System，TCAS）。事后调查显示，这场事故是人为原因造成的：两架飞机的飞行员以不同的方式评估了TCAS发出的警告，负责该空域的管制员当天也处置失当。

TCAS是应答器的进一步发展，是驾驶舱内的应答系统。借助该系统，飞行员可以在雷达显示器上清楚地识别与其他飞机的距离。TCAS独立于地面工作，配备

TCAS测试图像。在左侧的主飞行显示器上，红色和绿色区域用来标识安全的飞行区域。导航显示器上是TCAS的符号。

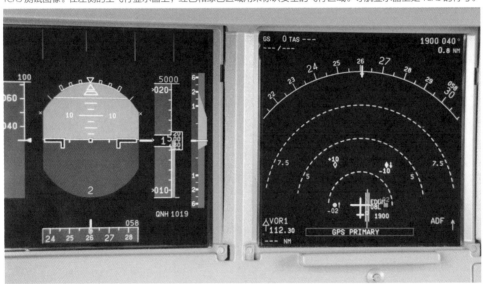

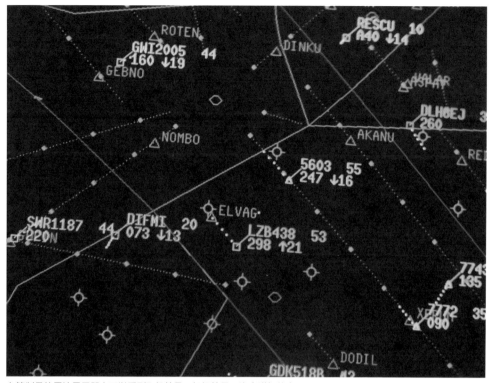

在管制员的雷达显示器上可以看到飞机符号、机场符号和许多附加信息。

了 TCAS 的飞机之间可以相互"交流"：TCAS 不断测量两机的相对运动，并计算飞机即将通过的虚拟位置（最近的接近点）。导航显示器上会显示特殊的 TCAS 飞机符号，这些符号以不同的颜色和形状表示不同的含义。白色的空心菱形表示"没有危险"；白色的实心菱形代表有飞机在接近。如果白色符号变成黄色圆形，代表有碰撞可能；根据计算，如果没有人做出反应，飞机距离碰撞可能发生的时间正好是 40 秒。TCAS 通过扬声器发出冲突警告（TRAFFIC，TRAFFIC，意为"冲突，冲突"），此时飞行员应尝试目视观察对方。冲突警告并不意味着管制员或"对

方"做错了什么。在大型机场上方繁忙的空域中，机群像忙碌的蜜蜂一样上下飞舞。即使所有的飞机都在规定的距离内互相经过，飞机的爬升率和下降率也会触发冲突警告。TCAS 依据时间而非距离进行计算，因此飞行员总是有至少 40 秒的时间用来初步评估情况。

如果"对方"没有按照预期远离，发生碰撞的可能性越来越大，黄色的圆形飞机符号会在预计相撞的 25 秒前变成红色方块。此时，TCAS 会给出一个简明易读的避撞建议，但它（目前）只会给出上下避撞措施：主飞行显示器上的地平仪旁边会显示红色（危险）和绿色（安

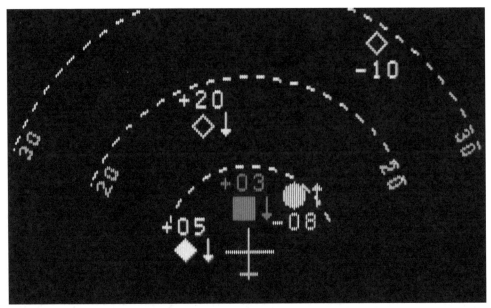

TCAS 符号：红色方块代表一架正在我们上方 300 英尺（约 100 米）处快速下降的飞机。

全）区域，扬声器发出爬升或下降指令。

这种情况下，如果飞机使用的是传统的 TCAS，飞行员会退出自动驾驶仪，将飞机稍稍拉升或下降到绿色区域，通常只比当前位置高或低几百英尺。他的同事则向管制员报告。很快，危险解除，TCAS 符号再次变成代表安全的白色，红色和绿色的条纹从主飞行显示器上消失。飞行员再次向管制员报告，飞机也飞回到预定的飞行高度。接下来，飞行员就可以重新打开自动驾驶仪，然后长长地舒一口气——就是这样。新型的 TCAS 和自动驾驶仪是绑定的，一切都自动运行。

这套评估"对方"相对运动的原则一直以来运用在船舶上。船舶上的值班人员注意着雷达显示器或眼睛能看到的"固定方位"。需要避让的船只必须及时在碰撞

发生前改变航向。在三维的空域中，预定的飞行高度和安全距离以及空中交通管制员的指示，通常都是有效防止飞机相撞的手段。TCAS 虽然效果显著，但它只是一个为最后时刻准备的附加设备。在其他时间里，它只能为飞行员提供方圆 30 英里（约 48 千米）内的有限信息。

那么，乌伯林根空难中的两架飞机都配备了 TCAS，为什么还会相撞呢？调查显示，这两架飞机在 36000 英尺（约 11000 米）的高度飞行时发生了碰撞。负责这部分德国领空的瑞士管制员知晓该危险后，指示图 -154M 型客机的机组人员下降 1000 英尺（约 300 米）。但他不知道的是，该客机的 TCAS 发出了一个"爬升"的避让指令，即与他要求的方向正好相反。然而，飞行员遵循了管制员的指示

并开始下降。与此同时，波音 757 货机的 TCAS 按照程序发出了"下降"的避让指令，机组人员遵循了该指令。管制员面临一个令人困惑的状况：两架飞机在以闪电般的速度下降并向彼此靠近，却不知道两架飞机的 TCAS 发出了什么指令，以及为什么那架波音货机没有保持原有的飞行高度。于是管制员指示图 -154M 型客机以更快的速度下降，而它的 TCAS 在与波音飞机的 TCAS "协商"后，继续发出"爬升"指令。于是灾难发生了：两架飞机一直在下降，并在 34890 英尺（约 10630 米）的高空中相撞。

"当时，图 -154M 型客机的飞行员遵循了飞行操作指令，并在有疑问的情况下执行了管制员的指令，"前管制员英戈·巴尔克（Ingo Balke）解释说，空难发生时，他正位于不来梅的德国空中交通管制部门担任安全经理。"DHL 波音货机的机组人员选择遵循 TCAS 的指令。在有相撞危险时，遵循管制员还是 TCAS 的指令，目前还没有统一的规则。因此，乌伯林根空难前的操作其实是符合当时有效的当地法规的。"巴尔克回忆起那些飞机成功脱险的案例，其中有些有 TCAS 的参与，有些则没有。世界各地的安全中心都会收到关于近距离相撞的空中接近事故报告。在发生空难的 2002 年，TCAS Ⅱ（当时的版本带有爬升和下降建议）已投入使用了一段时间，但飞行员和管制员当时还没有完全适应这版新的警报系统。英戈·巴尔克还

清楚地记得最初的状况："飞行员和我们一样都持怀疑态度。"

20 世纪 90 年代，广泛引入的 TCAS 给飞行员的态势感知带来了真正的改善；他们很快就适应了新型驾驶舱内的"雷达显示器"。飞行员可以在近距离内识别出哪架飞机在本机上方和下方飞行。TCAS 独立于地面运行，非常可靠。然而，它们并不"知道"管制员所准许的另一架飞机的飞行高度，只是单纯地根据其计算机程序做出数字化反应。"在很大的垂直进近速度下，即便另一架飞机已经改变航线且飞到了足够的高度，有时也会触发 TCAS 警报。"安全经理巴尔克解释道。

欧洲空域正在发生变化，但目前依然由小片的管制区域组成，有管制空域和短

英戈·巴尔克（Ingo Balke），前德国空中交通管制部门（DFS）不来梅地区的安全经理，正指着地图上的交通枢纽。

远程空客 A340 驾驶舱下方的计算机室。这里也是 TCAS 所在的地方。

途交通空域。它们的上方是地区空域和高层空域。垂直分界线以上和以下的区域由不同的管制员负责。

"长期来看，航空运输量的平均水平增加了约 9%，"英戈·巴尔克说，"自从1990 年以来，大量的客流往东、西两个方向流动。航空运输持续繁荣。"为了增加日益拥挤的空域的"填充量"，双向交通的垂直间隔在几年前被减半至 2000 英尺（约 600 米），同向交通的垂直间隔则调整至 1000 英尺（约 300 米）。

"缩小最小垂直间隔"（Reduced

达 300 米的垂直距离也不够用。从某个规定的参考高度［在德国：5000 英尺（1524 米）以上］起，飞行员要根据当地的气压调整飞机的高度计至 1013.2 百帕斯卡的标准值。无论在当地气温下，1000 英尺（约 300 米）的空气层有多厚或多薄——或者更准确地说，无论相同压力的平面之间的垂直距离有多大——所有的飞机都在相同的参考压力值下安全地从对方上方或下方飞过。

今天，中程飞机的飞行速度大多为 0.8 马赫（1 马赫 =1225 千米每小时）左右。且都在 10 千米左右的高度飞行。有时还可能在航点之间飞离航线。因此，理论上我们不能排除碰撞的风险。

人非圣贤，孰能无过，飞行员也不例外。飞行学员把一次"训练飞行"搞砸了，我们称之为 Level busts，"英戈·巴尔克解释道，"就是指偏离了指定的飞行高度。"有时是因为一台出现故障的应答器把错误的飞行高度报告给地面空管部门，有时则是由于飞行员犯了错误。每次飞行高度的变化都要经由机组人员确认，并在自动驾驶仪控制面板上进行调整和监控。有许多方法可以改变飞行平面，但归根结底，都要先在一个中央旋钮上设置新的高度。然后飞行员通过操纵其他手柄选择爬升率、速度或特定的爬升角。数据有各种组合可能。一个与之协调的推力也不可或缺。推力来源于自动控制系统，可以被人为关闭。自动控制系统的目的是在选定的

Vertical Separation Minima，RVSM）理念的实施缓解了空中交通拥堵的状况，它要求对参与交通的飞机实行特别认证。1000 英尺（约 300 米）约为一座埃菲尔铁塔的高度——这个高度让人心安。但如果高度计不能正常工作或者调节不当，即便是高

一个应答器控制面板，上面设置了空中交通管制雷达显示器上显示的四位响应代码。TCAS 也在这里操作（通过右侧的两个旋钮）。

程序下将飞机平稳地带到指定的高度，以便自动驾驶仪能够恢复速度和航线。对无法实现的操作愿望（例如，重型飞机的爬升率过高，或未经许可而超过速度限制），自动控制系统会发出警告。它还可以借助数字化的控制手段，在极端情况下做出自动阻止的行为：自动控制系统拒绝执行可能带来灾难性后果的命令。

在爬升和下降过程中，飞行员会在到达新的高度之前将垂直速度降低到每分钟 1000 英尺（约 300 米），以免惊动在他们上方或下方近距离飞行的飞机，并触发大规模的 TCAS 碰撞警告。

在 10000 英尺（约 3000 米）以下的空域，航空交通非常繁忙，其中有一些飞机按照目视飞行规则飞行。这种情况下，一个"纯净的"驾驶舱尤为必要，即飞行

员应只谈论工作事务。无线电纪律和清晰的发音也很重要，否则高度和航线容易被误解。所有的数值都必须与正确的基数一起给出，这样航线就不会与高度相混淆，航班号也不会与空管部门分配给机组的应答器代码相混淆。过百的数值是这样发音的："Climbing flight level two hundred"而不是"Climbing two-zero-zero"［爬升到飞行高度 200，即 20000 英尺（约 6000 米）］。"two-zero-zero"含糊的发音听起来像是"two-seven-zero"。如果沟通不畅，可能需要对方反复询问，而此刻飞机很可能正继续轻快地爬升。在德国武装部队的空中交通管制课程中，我曾看到有人尝试在计算机显示器上估算迎面而来的飞机的接近率；还看到过其他飞机驾驶舱窗户上的两根支柱；甚至没有灯光反射和凝结尾

迹的飞机从不同方向出现在机头方向，与我们呼啸着擦肩而过。我们的任务是测量一架飞机从第一次出现到两机接近相撞的时间。我们震惊地发现，如果没有来自管制员或技术设备的预警，在大约 1600 千米每小时的相对接近速度下，我们最多只有 1~2 秒的时间用来避开迎面而来的飞机。

作为避免飞机相撞的最后手段，当前的 TCAS Ⅱ 已在全球各地推行开来。自 2002 年起，全世界都规定：飞行员必须遵循 TCAS 给出的每一个避让建议——除非这将损害飞行安全。即使管制员做出相反的指示，他们也要执行 TCAS 的命令。

飞行员早已习惯了作为众多机载计算机和警告设备之一的 TCAS。有时候，TCAS 警告经常在飞行员意想不到的时候被触发，比如在最后进场的时候；当一架警用直升机在低空飞过的时候；当飞行员正在吃饭的时候；或是同事正在上厕所的时候。

每次模拟机演练都会训练 TCAS 避让动作。TCAS 是为最后一刻准备的辅助手段，而不是飞行员的迷你"雷达"。空中交通的控制依然是独属于管制员的责任。航空交通日益繁忙，导航的精度也由于 GPS 的运用得到了显著的提升。飞机几乎是分毫不差地飞行在航线上，以至于我们可以看见对面飞机的飞行员。为了安全起见，飞机在许多"孤独的"航段（北大西洋、东亚、非洲）上平行飞行时，一般会

偏离中心线右侧 1~2 英里（约 1.6~3.2 千米）飞行。飞行员可以轻松地在飞行管理计算机上输入所需的偏离值。

英戈·巴尔克喜欢讲这样一个笑话：管制员观察到一架客机正在接近一个军事训练区。在雷达显示器上，飞机似乎并不完全在航线上飞行。"先生，我这边显示，您正好飞到了航线中心线偏左一点，"管制员礼貌地向飞行员报告。"没错，"机长同样冷静地回答道，"我在中心线的左边，我的副驾驶员在中心线的右边。"

1000 英尺（约 300 米）：与这架德国之翼航空公司 A320 飞机的垂直距离似乎不太够。

飞行事故记录器俗称"黑匣子"，外观
实际上是信号色（橙色或黄色），以便
搜救人员在飞机失事时能很快地找到它。

"老大哥在看着你"——某些初识飞行事故记录器的人会联想到乔治·奥威尔的小说《1984》中的这句著名台词。在飞机上，这项技术只为保障安全服务。

飞行事故记录器

飞行员处于"透明"之中：实际上，飞行员在驾驶舱内的一言一行都会被记录下来。飞行事故记录器，也就是著名的"黑匣子"，在过去只是飞机失事的见证。如今，这个设备已经发展成为多面手了。

驾驶舱内的智能技术服务于飞行安全。几十年来，驾驶舱语音记录器和飞行数据记录器一直被用于意外事件或事故后的侦查。同时，它们也被用来进行趋势研究，数据载体也被用来进行常规分析。因此，我们可以借助它们在早期发现并遏制危险趋势。自 2005 年 1 月起，重量超过27 吨的飞机必须收集数据。

分析证明，看似微不足道的错误与事故之间是存在关联的。微小的不确定因素和疏忽大意往往会累积起来，成为故障或失误因素，从而酿成灾难。据统计，已经有约 1500 起由微小错误导致的安全事件。遗憾的是，我们很难复原因果关系链条中的每一个环节。只有通过极其细致的研究，才有可能找出错误潜伏之处，找出飞行操作、技术部门、人员或其他组织上的漏洞。甚至航空公司常规监测的个别参数，如速度或进近阶段的下降率，也有可能暗示在早期就存在的危险趋势。

魔术盒子

20 世纪 50 年代初，几架英国德·哈

注意！你正被记录中——驾驶舱语音记录器的麦克风可以不折不扣地记录两小时的语音。

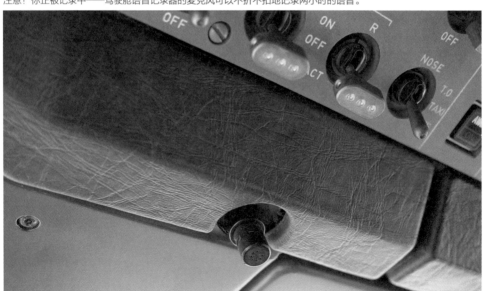

维兰公司研制的"彗星"号喷气式客机相继在空中爆炸解体。这种机型因为采用了典型的方形舷窗而存在机身结构上的缺陷：客舱反复承受增压和减压，导致飞机出现裂隙并造成飞机解体。1953 年，澳大利亚事故专家戴维·沃伦博士（Dr. David Warren）决定在未来用驾驶舱语音记录器记录飞机坠毁前的可怕时刻，以便更好地分析失事原因。最开始，政府当局对他的想法嗤之以鼻，但四年后，他设计出了一个带有钢丝录音机（录音机的一个类别）的石棉箱。很快，第一批"黑匣子"（该俗称源于驾驶舱内放置电子设备的黑色方盒）就在英国和美国量产了。

沃伦博士的祖国澳大利亚在 1960 年成为第一个要求飞机配备飞行事故记录器的国家。如今，它已经成为每架大型飞机的标配。自 1965 年起，之前的深色记录器被漆成了明亮的橙色或黄色。

早在 20 世纪 50 年代末的螺旋桨时代，美国联邦航空管理局就开始研发飞行事故记录器了。第一批飞行事故记录器使用的是金属箔，类似于气压计。传感器将测量值直接传送给触针，触针在铝箔上刻出轨道，原理类似于在唱片上刻出凹槽。但它所记录的轨道数量有限，后来人们用"飞行数据采集单元"（Flight Data Acquisition Unit，FDAU）解决了这个问题。飞行数据采集单元将模拟数据（例如来自发动机或高度计的数据）转换成可存储的数字数据。一开始，飞行数据被

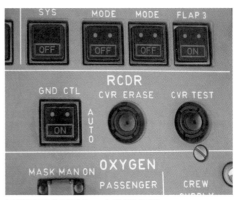

驾驶舱语音记录器（CVR）的控制面板。

储存在一个 150 米长、可连续录制 25 小时的磁带上，磁带则放在一个防撞箱里。如今，几张数据存储卡就能完成同样的工作。

黑匣子的发明者戴维·沃伦博士（1925—2010）使飞行最后几分钟的语音得以通过无限循环的方式记录下来。整整两小时的语音记录被存储在四个频道上。驾驶舱内的麦克风记录着每一丝声响，包括对讲机的对话以及所有的背景噪声，甚至飞机发动机运转的声音也可以为后续调

驾驶舱内的"老大哥"

所有数据，无论是语音数据还是操作数据，都由计算机收集、处理并存储。它们的名称极其拗口，甚至连飞行员都觉得难以发音：

● 数字飞行数据采集单元（DFDAU）或数字飞行数据接口单元（DFDIU）既是一个数据收集箱，又是与其他设备连接的数据接口。

● 数据管理单元（DMU）上有读取数据的接口。

● 数字式飞行数据记录器（DFDR），位于飞机尾部，记录飞机上的所有信息供后人参考。事故发生后，它是搜索和救援团队关注的焦点。

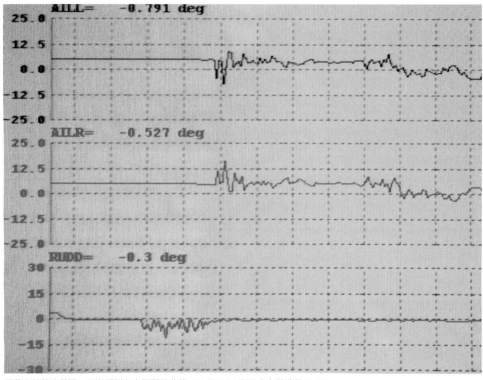

屏幕上的航班数据。可以看到左右副翼的曲线 AILL 和 AILR 以及方向舵曲线 RUDD。

查提供声学上的线索。黑匣子还负责记录无线电通话和机载通话网络中的对话片段，这些片段有一天可能会在事故调查中帮助解开事故的谜团。

我们可以批量获得技术飞行数据，它要比音频更容易"截取"。每一次数据的输入都会被忠实地记录下来，这些数字化的飞行数据流可以通过常用的储存介质进行存储。为了安全起见，飞行数据还要额外存储在记录器中。

这些飞行数据包括时间、航向、飞行高度、速度、三轴加速度、飞行姿态（俯仰和滚动）、发动机推力和侧置驾驶杆的位置。美国联邦航空管理局（FAA）规定，新飞机至少要存储 88 个数据组。这很容易做到，因为现代化的飞行系统可以轻松管理十倍于此的数字。

超级匣子

黑匣子在实际运用中应当坚不可摧，因为它应作为坠毁生存记忆单元（CSMU）在坠机事故中保存下来。圆柱形容器中的记录器可记录两小时的音频或者 25 小时的飞行数据，目前价格约为 15000 美元（约 10 万人民币）。黑匣子被安装在飞机尾部，在靠近水平安定面的防变形的位置上。红色标志"此处有飞行记录器"标明了黑匣子的位置。

黑匣子有三层防破坏的保护材料。环绕存储卡的是铝箔层，铝箔层上方是 2.54 厘米厚的绝缘材料；外层是 6 毫米厚的不锈钢或钛合金的防毁壳体。如果把整架飞机都以这样的方式武装起来，飞机就永远飞不上天了。

与对黑匣子所进行的七次测试相比，每一次汽车碰撞测试都像在公园里散步一样轻松。模拟撞击测试的过程如下：一门空气炮以 3400g 的极大加速度轰击铝制蜂窝结构（模拟机翼）上的黑匣子。紧接着，测试人员将一个 227 千克的尖头重物从 3 米高处扔向黑匣子最脆弱的部位。然后，黑匣子被送往 5000PSI（约 34474kPa）的压力机中接受抗压测试。接下来是高温耐火测试：三个丙烷炉在 1100℃的高温下"烘烤"黑匣子长达 1 小时。然后，它要在盐水高压罐中扛住 24 小时的深海压力，接着在盐水中浸泡 30

过去，飞行数据是在普通的 PCMCIA 卡上读取的，如今可以被在线读取。

飞行员和数据采集员

"我们可以通过数字化的方式重建飞行过程。"

伍尔夫·毛雷尔（Ulf Maurer），空客 A320 机长

毛雷尔出生于德国特里尔市，早在 15 岁时就掌握了驾驶滑翔机的技术。18 岁那年，他拿到了动力飞机的私人飞行驾驶员执照。在完成社会服务工作后，他去了汉莎航空飞行学校，之后便以飞行员的身份加入了假日航空公司神鹰航空，他同时还负责为神鹰航空处理飞行数据。自 2003 年起，毛雷尔在慕尼黑的汉莎航空公司工作，作为副驾驶员曾飞过空客 A340，现在是空客 A320 机长。

天，最后在极具腐蚀性的化学品中接受抗腐蚀测试。

通过测试的黑匣子会被安装一个水下定位信标（Underwater Locator Beacon，ULB），以便飞机在水上迫降时搜救人员能够迅速定位。黑匣子发送信号的频率为 37.5 千赫，它必须能在水下浸泡 30 天而不坏，传递信号的距离要能达 4 千米远。

机长伍尔夫·毛雷尔曾长期从事飞行数据处理工作。对外行而言，计算机显示器上的飞行数据看起来就像心电图曲线。"从近处看，你可以认出 X 轴和 Y 轴上的推力，以及飞行姿态的英文名称。"毛雷尔解释道。他指的是一架飞机飞行过程的粗略片段，它被计时器分割得支离破碎。

"早在前些年，我们就可以用信用卡大小的 PCMCIA 卡记录和评估多达 650 个参数了，"毛雷尔继续说道。这个小型数据载体有足够的存储空间。"5 小时的飞行只需占用 4~5 兆字节。500 飞行小时的数据完全可以存储在一张卡上。"毛雷尔解释道。专家们只分析飞行数据，而不会分析驾驶舱内的对话。通常只有在发生事故时，专家们才会调查飞行员的语音对话。一切其他的数据都要接受定期检查，以挖掘潜在的风险。尤其是进场和降落阶段，是重点检查的对象，因为根据统计，这两个阶段是发生事故最多的阶段。多年以来，飞机的头号杀手都是可控飞行撞地（Controlled Flight Into Terrain，CFIT）。它

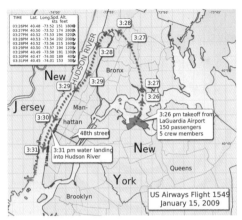

2009 年 1 月 15 日，全美航空公司 1549 号航班在哈德逊河上著名的迫降路线——根据飞行事故记录器的数据绘制。

是指在飞机可控的情况下，由于导航错误和其他失误，飞机撞上地面、阻碍物或水面。

所有的飞行操作都有固定的操作程

飞行数据处理员伍尔夫·毛雷尔在电脑前分析数据。

序，即所谓的标准操作程序。例如，飞机在着陆前离地最少 1000 英尺（约 300 米）的时候，起落架和襟翼必须打开，速度控制也必须在规定范围内运行。这样的操作程序是为了保证着陆安全，而且要保证飞机（在足够的燃油储备下）还能复飞。经过几十次的数据分析，某些机场的进场方式向我们展示了一个有趣的图景：专家们可以判断出飞行员的驾驶是否接近极限。我们也可以推论出，某些机场的个别程序是多么合理。"有些事情在飞行员个人看来并没有风险，但在某些不利情形下，它们可能会带来危险。"伍尔夫·毛雷尔指出。例如，在晴朗的天气条件下，比规定

时间晚一点打开襟翼并调节速度，几乎不存在任何风险；但是，如果在恶劣的天气条件下进场，飞行员必须格外"稳定"地飞行，以保证飞机始终有足够的燃油储备，自己才能有足够的选择。

航空公司参与运作飞行安全报告系统，该系统负责处理各类型事件。然而，飞行员的飞行报告并不能揭示所有关键事件的走向；它只记载了飞行员主观描述的过去发生的事件。数据分析具有明显的优势，即便这些事件已经发生，但客观测算的飞行数据可以用于趋势预测并帮助我们及时采取预防措施。

例如，从飞行事故记录器的"心电

在一架空客 A320 的尾翼上，水平安定面的前面写着"此处有飞行记录器"。里面装着飞行事故记录器——它被安装在机身的特定区域，该区域在坠机时不会首先受到冲击。

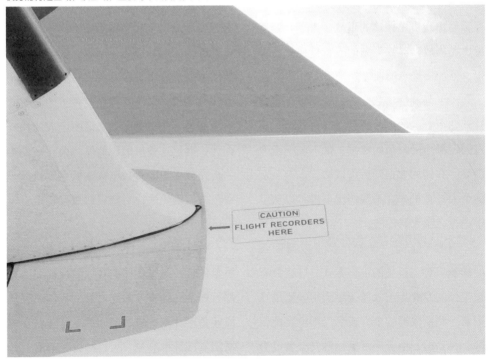

DFDR EVENT：按下这个按钮，飞行过程中的特殊事件将被标记在数字飞行数据记录器上，供日后评估之用。

图"曲线中，我们可以看到，飞机如果以高攻角（机头迎着相对风向）姿态着陆，很容易出现机尾擦地的事故。为了有效避免这类事故，监控驾驶的飞行员要保持警惕，外加接受专项训练。

除了强制性参数之外，个别事件也要被评估审查。数据分析软件会自动标记超过固定操作极限值的数据，如下沉率或速度等。存储的数据随后可以被读入办公室的个人计算机。在某些情况下也可以从空中进行在线数据传输。

驾驶舱的每一丝噪声都可以帮助我们推断一名飞行员的工作方式。好在只有被授权的专业人士才能接触到驾驶舱语音记录。刺探数据的个人或部门则没有此权限。在美国，由美国国家运输安全委员会（NTSB）、美国联邦航空管理局（FAA）、飞机运营商、制造商和飞行员工会共同负责处理涉及安全和隐私的敏感问题。这意味着该问题十分重要。毕竟，枯燥的飞行数据也能透露出很多有关飞行员能力和纪律性的信息，但飞行数据处理员的职责并不是充当"空中警察"来证明个人的违规行为。尊重这种价值观的航空公司在趋势分析完成后，会将数据自动匿名。这样一来，人们就无法针对特定航班或特定机组人员妄下定论。

数据采集服务于飞行安全。为了实现质量保证，飞行操作的各项数据都要接受例行评估和抽查。除此之外，我们还要从商业角度计算燃料和时间成本，并对飞机系统实施技术监测。飞行中处处都有"趋势监测"的身影：异常的运行温度或偶然出现的显示器错误报告，都可能指向隐藏的"病症"。如今，飞机的预防性维护已经成了标准流程，因为提早更换零部件的成本比后期昂贵的维修成本更低。很久以前，我们就开始从空中向技术中心传输飞行数据了。

黑匣子制造工业正沉浸在成功的浪潮中。未来，人们计划进一步改进黑匣子，例如，改进成带有独立电源的双记录器，记录时间更长，记载参数更多，以及由语音记录器和数据记录器组成的联合箱型。

视频监控最初只是对飞行仪表显示器的监控。数字化驾驶舱几乎没有任何可移动的操纵杆和指针。以前，它们的位置会在坠机后帮助人们从视觉上判断事故原因。而现在，只要一停电，显示器也会随之熄灭，所以我们必须依靠光学机器记录事故前最后时刻的飞行状态。监控的创意几乎不受任何限制，驾驶舱可以像储蓄银行的柜台大厅一样被监视。飞行员在模拟机上复习飞行操作时，会根据视频记录探讨个人飞行情况，这时，飞行员可以略微体会监控的威力。

"借助存储数据，我们可以数字化重建每一次飞行过程，甚至以 3D 的形式演示出来。"伍尔夫·毛雷尔说。当然，只要黑匣子被找到，我们也可以重建遇难飞机的飞行过程。一想到飞行的最后时刻被完整记录下来，并和原始驾驶舱语音一起被保存下来，人们不禁毛骨悚然。但事故

调查离不开黑匣子，飞行员也因此不会对驾驶舱内的众多传感器有疑问——只要它们不被滥用。当我抱怨驾驶舱内繁杂的文件材料时，一名机长曾说过这番发人深省的话："有些东西也可以为你所用。比如，你拿着的那张记录起飞数据的文件，如果飞机由于刹车失灵而冲到了草坪上，同时有人扭伤了胳膊，他的律师会试图证明他受伤是你的工作失误导致的。但如果有这些详细的文件和存储数据在手，你就不会出什么大事情。"

飞行员的队伍中有普通人，有飞行天才，也有吹毛求疵者。有人喜欢例行公事，有人则时刻保持着最佳状态。在飞机深处，黑匣子正监视着飞机上发生的一切。它坚不可摧、铁面无私且低调谨慎。

德国空域是世界上最繁忙的空域之一。在这里，一架汉莎航空公司的空客 A340-400 正从上方飞越柏林航空公司的空客 A320。

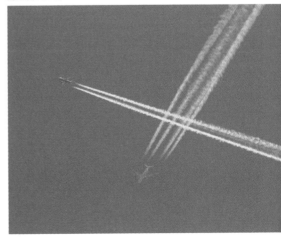

神奇的时刻：夜间飞行后的清晨，心情很好——副驾驶员理查德·哈姆斯在空客 A320 的驾驶舱内。

对任何在驾驶舱窗边体验过日出的人而言，飞行不仅仅是技术、人和空气动力学的简单相加。接下来，飞行员将告诉我们，是什么让他们在执业多年后仍觉得飞行魅力十足。

驾驶舱的魅力

是什么让飞行员这个职业在众多高薪的专业工作中脱颖而出？从业多年的波音 747 客机机长伯恩德·科普夫这样评价自己的职业选择，"飞机驾驶员只是一个岗位，而不是一种公认的职业，它是世界上最美妙、最多样化的工作。"这种评价想必与这份工作在民众中的名声和飞行员的良好情绪有关。每个人都渴望自己的工作获得他人的认可。如果飞行员不愿把自己三四十年的光阴都用在从甲地飞往乙地的固定航线上，他也可以在飞行之余去深造、去兼职。或者，他还可以成为自家航空公司的教员，获得"专家"的称号。大多数航线飞行员都放弃了更高的荣誉光环，因为飞行日常已足以让他们乐在其中。

比尔吉特·萨默尔机长对飞行魅力的描述言简意赅："你每天都能免费拥有好心情，同事友善，飞行也愉悦。"

达格玛·哈登万格机长持相似的看法："如果同事们在一起心情好，目的地就不那么重要了。"

她的同事乔安娜·福茨克像大部分飞行员一样"向往远方"。她只是单纯地喜欢在路上。

飞行员莫妮卡·赫尔在从业 20 多年后依然痴迷于飞行："我做远程航班副驾驶员的时候非常喜欢约翰内斯堡、旧金山和洛杉矶。如今，柏林、德累斯顿和哥德堡算是我最爱的目的地。"对她而言，阿

富埃特文图拉岛东北部的景色。白天，游客懒洋洋地躺在阳光下，飞机进近时，你可以体验到大海、沙滩和云朵千变万化的色彩游戏。

从西北部看到的芝加哥。弗兰克·辛纳屈（Frank Sinatra）为这座城市演唱了"My kind of town"（我热爱的城市）——对作者而言，芝加哥是整个飞行网络中最美丽的目的地之一。

尔卑斯山是"最美的山脉"。赫尔回忆起"真正的飞行享受"，说的是驾驶单发动机的比奇富豪 A36 从美国飞往德国，以及驾驶双发动机的比奇"空中国王"200 和丈夫、孩子或者父母一起在两地间往返。

吕迪格·卡尔机长也很清楚自己从飞行中收获了什么。"操纵飞机本身就很有乐趣。多么专业和令人兴奋的工作环境！即使地面上天气不好，我们在天空中也能每天至少看到一次太阳，还可以和优秀的团队一起探访美丽的目的地。"

A340 副驾驶员马库斯·塔内贝尔格早在孩提时代就意识到："飞行是我的梦想，我想过那样的生活。"他是在结束了艰难的培训之后才意识到这项工作的自动化程度是如此之高，这让他诧异不已。"我们大多时候只需要操作计算机，而计算机为

我们分担了部分工作，"这名年轻的父亲说，"但是我目前并不觉得厌烦。起飞后，飞机穿过雨雾和厚厚的云层，你可以看到闪着彩色光芒的太阳。这样的自然景观简直太棒了！我总是被这样的画面深深震撼。其实，能驾驶一架上百吨重的大机器飞向天空，已足以让人惊叹。"难道选择这一行都是发自内心情怀吗？就任于大型航空公司的高薪飞行员的这套说法，并不是所有人都认同。马库斯·塔内贝尔格从许多面试会谈中得知，许多求职者设想的场景是：他们可以因此还清培训贷款，丰厚的工资也在向他们招手。他指出："如果一个人对他的工作一直感到不满，那么金钱、制服和名望又有什么用呢？"飞行员这项工作与其他工作不同，是受时间约束的。如果没有通过半年一次的考核或者

埃及赫尔格达附近的岛屿世界：在着
陆前五边飞行时，飞行员看到了迷人
的景色。

云砧似乎指明了方向。

身体健康状况不合格，飞行员很快便会成为地面上的路人，或者至少是暂时失业。航空公司没有适合普通航线飞行员的文职工作，因此，他们要确保自己在经济上没有后顾之忧。

莫妮卡·赫尔认为，飞行即是游学。"我在世界的许多地方都有朋友，我可以透过表层的面纱深入了解他们的国家。"赫尔为此雀跃。在遥远的学生时代所没有记住的地理、物理或政治知识，在飞行时都被毫不费力地捡了起来。旅行即是教育。这名两个孩子的妈妈还深入参与了团队合作。"我对与技术和人打交道很感兴趣。一个团结一致的机组团队共同完成一件事总是让我印象深刻。乘客往往没有意识到，一趟航班背后藏着一套怎样的后勤

系统，但作为行内人，这总是鼓舞着我。当然也有美中不足的地方，但这些瑕疵并不会破坏这种魅力。"

乌韦·温克尔机长对"与人和技术打交道"以及"旅行本身"充满了热情。魅力关乎浪漫，飞行员也完全可以是浪漫主义者。"这份工作第一眼看上去非常具有技术性，"德裔法国人罗曼·蒂森说，"但它还有浪漫的一面。如果我们飞行员没有浪漫的气质，那么这众多优美的风景、云海、日出日落，所有遥远的国家和人民，都将成为纯粹的浪费。"

比尔吉特·萨默尔机长的看法则更实际些："飞行最为有趣。一次漂亮的目视飞行，一次优美的着陆——都让我充满了成就感。"萨默尔热爱技术，喜欢与飞行

有关的一切。与报酬相同的地面工作相比，她更喜欢飞行工作的无忧无虑："当你回家时，休闲时间就开始了。"

瑞士籍飞行员马丁·瓦尔蒂庆幸能将自己的爱好当成职业。来自各个专业领域和不同国家的飞行员之间的多样化合作也深深吸引着他。

乔安娜·福茨克机长总是为机场的物流系统感到惊讶。"我们经常在事情不顺的时候抱怨它，"她说，"但日常的大多数事情都做得没话说。"

空客飞机飞行员马库斯·库格尔曼只是想"在路上，去认识世界"。他很喜欢灵活的工作时间和新任务带来的挑战。他说："你必须始终保持灵活，以适应新情况，还要保持思维活跃……飞行技术本身也让我觉得很棒——这是一项手脚并用的工作，你必须思考并做出决策。"

货机机长克里夫·史密斯只是单纯地喜欢运输货物、接受训练和团队合作。这名前战斗机飞行员喜欢持续不断地苦练。

20世纪30年代的飞行魅力如汉斯·阿尔伯斯（Hans Albers）的歌里所唱：

从北极到南极仅一箭之遥，我们的飞行风雨无阻，无论发生什么，我们从不等待，我们起飞远航，让飞行员之歌响彻风雨下的天空。

你的生活，是在没有人烟的远方翱翔。快点，再快点，以你喜欢的速度加速前进吧，飞行员没有什么禁忌，加快速度，就能飞越世界。为自己寻找最美丽的流星，把它带回家送给你的女孩。

飞行员，向太阳问好，向星星问好，向月亮问好。

摘自 1932 年美国电影协会
电影《F.P.1 没有应答》；
作曲：艾伦·格雷（Allan Gray）；
作词：瓦尔特·莱施（Walter Reisch）

起飞前的夜色——机场迷人的灯光。

格陵兰岛——冰雪的世界。

"每次转机型培训都是一大挑战，"他说，"而且和其他人一起工作也是。特别是在接受预备机长培训时，灵敏的感知力很重要。副驾驶员应当稳重可靠，而不只是像坐在右座的一个沙袋，他应当是一名成熟的同事，并能真正参与到所有的决策中。"当然，史密斯也很享受纯粹飞行的乐趣，他说："没有什么行业像我们这行一样如此依赖个人能力和决策——无论你是战斗机驾驶员，还是像卡车司机一样把货物从孟菲斯运到匹兹堡，即便驾驶最快的汽车也无法体现这一点。"

克里夫·史密斯乐意给年轻同事提供过来人的建议，比如："一定要把酸奶杯朝机头方向打开！因为舱压会让酸奶膨胀，不这样做的话，酸奶就会溅到你的衣服上。"又如，他引用一句古老的航空箴言："一名伟大的飞行员拥有杰出的技能，而一名真正伟大的飞行员会避免出现需要用到这些技能的情况。"再过几年，这名资深飞行员就要退休了。"我打算没事就打打高尔夫，"他大笑道，"高尔夫让即便是飞行员的我也感到谦卑。"

我认识世界各地的许多飞行员，对他们而言，飞行不仅是一份工作。在德克萨斯州和亚利桑那州时，空军飞行教员曾激励过我，并向我展示了强大的行动力和良好的情绪。他们认为任何地面工作，无论报酬多么丰厚，都无法与驾驶舱内获得的满足感相比。我无法想象自己坐在办公室里，等着法定的下班时间到来。轮班工作是我闲暇时间规划的组成部分。我乐意忍受飞夜班和倒时差，因为生活中的许多美好事物只能在他人熟睡之际体验。

切斯利·萨伦伯格（Chesley Sullenberger）在 2009 年因为著名的哈德逊河航班迫降事件而成了英雄人物，他写了一本书回忆自己的飞行生涯。书里讲述的不仅包括这轰动一时的壮举，而且还包括他的职业生涯、家庭以及飞行职业的特殊魅力。这本书的精髓在于：你一生都是地面上的路人，只有在幸运的情况下才能成为飞行员。书的封面上，这名白发苍苍、眼神友善的老人正冲我们微笑。他让我想起忠诚的同伴、惊心动魄的旅程、壮观的飞机和鸟瞰下的美丽风景。他曾在几乎无望的情形下拯救了全机乘客和机组人员的生命。现在他即将步入他应得的退休生活，那么，他还有哪些愿望呢？

萨伦伯格透露："我想向女儿们展示我从驾驶舱里看到的所有地球上的奇观。"

空中乘务员妮可·海因茨曼（Nicole Heinzelmann）在加拿大上空为高级副驾驶员巴斯蒂安·里特维尔特（Bastiaan Rietvelt）提供晚餐。

飞行员，无论驾驶何种机型，无论担负什么职责，都以地面路人的身份开始和结束他们的职业生涯。在此期间则是一段美妙而丰富多彩的时光。任何在"天空"工作的人，都能理解我所说的含义。飞行不是一份工作，而是一种特权。

推荐书目

Chesley Sullenberger, Jeffrey Zaslow:
Man muss kein Held sein.
Auf welche Werte es im Leben ankommt.
ISBN: 978-3-641-05133-4,
Bertelsmann Verlag, München 2010

还有什么比从飞机上欣赏日出日落更浪漫的事呢？

作者简介

罗尔夫·斯特恩克尔（Rolf Stuenkel）于 1954 年出生于德国下萨克森州的希尔德斯海姆（Hildesheim）市。他本想成为音乐家，后来却加入了海军。在短暂的航海生涯后，他坐进了战斗机的驾驶舱，成了一名飞行教员。在驾驶了几年 F-104 战斗机和狂风战斗机后，由于这两款型号不再投入海陆使用，他于 1989 年转行到德国汉莎航空公司。斯特恩克尔是 7 个孩子的父亲，他同时为许多专业杂志供稿，是一名自由作家、翻译和摄影师，也负责组织有关轻松飞行的研讨会。他的著作如 *Inside Airport*、*Inside Tower* 和 *Mach 2* 同样由格拉蒙德出版社（GeraMond Verlag）出版。

图片说明

除了以下图片，所有摄影作品均由作者拍摄：第 24 页下图，第 64 页左下图（Roland Sommer）；第 28~29 页（Lufthansa Flight Training）；第 31 页（Markus Tanneberger）；第 33、35、36 页（Rüdiger Kahl）；第 46~47 页（Jens Görlich）；第 53、80、84 页（Johanna Foitzik）；第 63 上图（Uwe Wenkel）；第 72 下图、第 75 上图（Bernd Kopf）；第 69、78 页（Ingrid Friedl/Lufthansa），第 81 页（Monika Herr）；第 83 页上图（Birgit Sommer）；第 89 页（Clifford Smith）；第 90 页、91 页上图（Markus Kugelmann）；第 92~93 页（Maximilian Fischer）；第 94 页下图、第 96 页（Martin Wälti）；第 95 页上图（Roman Thissen）；第 98~99 页（Maximilian Fischer）；第 99 页上图（Dr. Reinhard Lernbeiss）；第 130~131 页（Honeywell）；第 136 页上图（S. Bollmann）；Nachsatz（Lufthansa Systems）。